连云港市盐碱地园林绿化建设导则

连 云 港 市 住 房 和 城 乡 建 设 局
天 津 泰 达 园 林 规 划 设 计 院
天 津 泰 达 盐 碱 地 绿 化 研 究 中 心
江苏华新城市规划市政设计研究院　编著

U0217827

天津大学出版社
TIANJIN UNIVERSITY PRESS

图书在版编目（CIP）数据

连云港市盐碱地园林绿化建设导则 / 连云港市住房和城乡建设局等编著． -- 天津 ：天津大学出版社，2023.11

ISBN 978-7-5618-7631-2

Ⅰ．①连… Ⅱ．①连… Ⅲ．①盐碱地－园林－绿化－建设－连云港 Ⅳ．① S732.533

中国国家版本馆 CIP 数据核字（2023）第 219335 号

LIANYUNGANG SHI YANJIAN DI YUANLIN LVHUA JIANSHE DAOZE

出版发行	天津大学出版社
地　　址	天津市卫津路 92 号天津大学内（邮编：300072）
电　　话	发行部：022-27403647
网　　址	www.tjupress.com.cn
印　　刷	廊坊市瑞德印刷股份有限公司
经　　销	全国各地新华书店
开　　本	710mm×1010mm　1/16
印　　张	8
字　　数	175 千
版　　次	2023 年 11 月第 1 版
印　　次	2023 年 11 月第 1 次
定　　价	36.00 元

编委会

前 言

FOREWORD

为规范盐碱地园林绿化工程建设,科学指导实践,提高盐碱地区植物成活率,提升盐碱地园林绿化的景观效果和养护管理水平,连云港市住房和城乡建设局组织天津泰达园林规划设计院、天津泰达盐碱地绿化研究中心、江苏华新城市规划市政设计研究院等单位,参考《公园设计规范》(GB 51192—2016)、《江苏省城市绿地规划建设导则》、《滨海盐碱地生态化整治技术规程》(DB 32/T 4313—2022)、《暗管改良盐碱地技术规程》(TD/T 1043—2013)、《园林绿化工程施工及验收规范》(CJJ 82—2012)、《江苏省城市园林绿化植物养护技术规定》等相关技术文件,在深入调研的基础上,参考国内外先进经验并结合连云港市相关实践成果,广泛征求专家及参建单位意见,总结工程建设经验并适度改进创新,编制完成本导则。

本导则结合连云港市盐碱地土壤条件和特点,进行多因素综合分析比较,对各种改良措施在不同盐碱程度地区的使用进行分类指导,对盐碱地园林绿化土壤质量标准确定、前期工作、规划设计、施工与质量控制、养护管理等全过程提出指导意见,全面、正确落实"双碳"政策和公园城市建设理念,树立高质量发展、绿色导向的目标。

本导则属于指导性技术文件,由连云港市住房和城乡建设局负责管理,天津泰达园林规划设计院与天津泰达盐碱地绿化研究中心负责具体技术内容的解释〔其中的技术体系等知识产权属于泰达绿化科技集团所有,请勿擅自引注,若有需要,请联系泰达绿化科技集团(天津市滨海新区泰达街睦宁路 26 号,邮编:300457)〕。因编制时间有限,内容尚有待完善。在应用过程中,各单位如有意见和建议,请反馈至连云港市住房和城乡建设局(连云港市海州区凤凰大道 1 号港城新世界 3 号楼,邮编:222023),以供修订时参考。

本书编委会

2023 年 6 月

目 录
CONTENTS

第 1 章　总则

1.0.1 目的

为规范盐碱地园林绿化工程建设并科学指导实践，持续增强盐碱地园林绿化建设水平及养护质量，提升绿地的碳汇能力，高水平建设生态园林城市，推动连云港市建设美丽宜居新港城，特制定本导则。

1.0.2 适用范围

本导则适用于连云港市涉及盐碱地的现状改扩建园林绿地，以及规划的公园绿地、防护绿地、广场绿地、附属绿地、区域绿地等项目的设计、施工、验收及养护管理。

1.0.3 基本要求

（1）在盐碱地园林绿化项目建设中，城乡规划、综合管网规划、城市设计、给排水、风景园林等专业应密切配合，相互协调。

（2）盐碱地园林绿化的规划、设计、施工、验收及养护管理，应在不断总结最新科研成果和生产实践经验的基础上，积极采用新技术、新方法、新材料、新设备。

（3）盐碱地园林绿化建设除满足本导则要求外，还应符合国家和江苏省现行相关标准、规范的规定。

第 2 章　术语

2.0.1　盐碱土（盐渍土）saline-alkali soil

盐土和碱土以及各种盐化、碱化土壤的统称。

2.0.2　绿化种植土壤 planting soil for greening

新建、改扩建绿化项目中种植绿化植物所使用的自然土壤或人工配置的土壤。

2.0.3　绿地土壤 green space soil

养护期满 2 年的绿地绿化植物主要根系分布层土壤。

2.0.4　客土 soils from other places

非当地原生的、由别处移来的外来土壤。

2.0.5　有效土层 available soil layer

障碍层以上植物根系正常生长发育所需的土壤厚度。

2.0.6　土壤酸碱度（土壤 pH 值）soil acidity and alkalinity

表征土壤酸碱性，用氢离子活度的负对数表示，即 pH 值＝ $-\lg[H^+]$。

2.0.7　土壤全盐量 soil total salt content

土壤中可溶性盐的总量。

2.0.8　土壤有机质 soil organic matter

土壤中所有的有机物质，包括土壤中各种动植物残体、微生物体及其分解和合成的各种有机物质。

2.0.9　土壤质地 soil texture

土壤中不同粗细的土粒（黏粒、粉粒、砂粒）组成比例的综合度量（注：土壤质地通常有砂土、壤土和黏土 3 种类型）。

2.0.10　水解性氮 hydrolyzable nitrogen

土壤中较易矿化和被植物吸收的氮，又称土壤水解性氮，包括无机的矿物态氮（铵态氮、硝态氮）和易水解的有机态氮（氨基酸、酰胺和易水解的蛋白质氮）。

2.0.11　有效磷 available phosphorus

土壤中可被植物吸收的磷，一般包括土壤溶液中的离子态磷酸根以及一些易溶的无机磷化合物和吸附态磷。

2.0.12 速效钾 available potassium

易被植物吸收利用的钾，包括交换性钾和水溶性钾。

2.0.13 土壤障碍因子 soil constraint factor

土体中妨碍植物正常生长发育的性质或形态特征。

2.0.14 土壤容重 soil bulk density

单位容积土壤的质量。

2.0.15 矿化度 mineralization degree

水中含有的钙、镁、铝和锰等金属的碳酸盐、碳酸氢盐、氯化物、硫酸盐、硝酸盐以及各种钠盐等的总量。

2.0.16 地下水埋深 depth to water table

地下水水面到地表的距离。

2.0.17 地下水临界深度 critical depth of groundwater

在蒸发最强烈的季节，土壤表层不显积盐、不危害植物生长、防止土壤盐碱化所要求的临界地下水埋深。

2.0.18 隔淋层 deluge layer

为阻断土壤毛细作用、防止地下水盐分上升，并具有盐分淋溶后的导流作用，以煤渣、石子、碎石等透水材料铺设的阻断层。

2.0.19 暗管（盲管）subsurface pipe

排布在地下管沟中具有渗、排水功能的管道。

2.0.20 集水井 water collecting well

沿暗管每隔一段距离砌筑的用于汇集、存蓄、排放水以及检查水质情况的井。

2.0.21 吹填土 dredger fill

用挖（吸）泥船通过泥浆泵和管道将含有大量水分的泥沙输送到海（江、河、湖）岸等指定区域而形成的沉积土。

第 3 章　盐碱地园林绿化土壤质量标准

3.1　盐碱地分类分级

3.1.1　盐碱地分类

连云港市盐碱地主要有盐化潮土（全盐量≤6.0 g/kg）和滨海盐土（全盐量>6.0 g/kg）两大亚类。盐化潮土根据土壤质地和全盐量可划分为轻度砂质盐化潮土、轻度壤质盐化潮土、轻度黏质盐化潮土、中度黏质盐化潮土、重度黏质盐化潮土等土种；滨海盐土根据土壤质地可划分为黏质滨海盐土和砂质滨海盐土等土种，见图3.1-1。

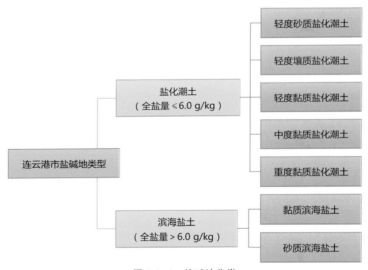

图 3.1-1　盐碱地分类

3.1.2　盐碱地分级

连云港市盐碱地根据土壤全盐量可分为轻度盐化土（全盐量为1.0~2.0 g/kg）、中度盐化土（全盐量为2.0~4.0 g/kg）、重度盐化土（全盐量为4.0~6.0 g/kg）和盐土（全盐量>6.0 g/kg）四类，见图3.1-2。

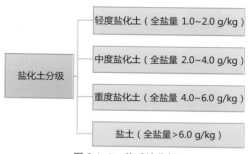

图 3.1-2 盐碱地分级

根据土壤酸碱度（pH 值），连云港市盐碱地可分为中性土（pH 值 6.5~7.5）、碱性土（pH 值 7.5~8.5）和强碱性土（pH 值＞8.5），见图 3.1-3。

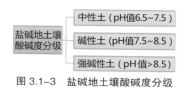

图 3.1-3 盐碱地土壤酸碱度分级

3.2 盐碱地园林绿化种植土壤质量

3.2.1 新建及改扩建盐碱地绿化建设应根据区域土壤类型和理化性状、绿化植物不同种类和特性要求，科学合理地选配和改良绿化种植土壤。

3.2.2 盐碱地绿化种植土壤应具备常规土壤的外观，理化性状应能基本满足绿化植物正常生长的需求，无明显石块、垃圾等侵入体，无污染，无明显异味等。

3.2.3 种植常规绿化植物，盐碱地绿化种植土壤有效土层应符合表 3.2-1 的规定。在实际工程中应综合考虑苗木规格、场地等条件，适当选择较深的有效土壤厚度，满足绿化植物持续健康生长的需要。绿化种植土壤有效土层下应无大面积的不透水层。

表 3.2-1　盐碱地绿化种植土壤有效土层厚度要求

植被类型		无隔淋层的盐碱地有效种植土层厚度 /cm	设隔淋层的盐碱地有效种植土层厚度 /cm
乔木	胸径 ≥ 20 cm	≥ 180	≥ 180①
	胸径 < 20 cm	≥ 150（深根） ≥ 100（浅根）	≥ 150（深根）① ≥ 100（浅根）
灌木	大、中灌木，藤本植物	≥ 90	≥ 90
	小灌木、宿根花卉、小藤本植物	≥ 40	≥ 60
竹类	大径	≥ 80	≥ 80
	中、小径	≥ 50	≥ 50
其他	草坪、花卉、草本地被	≥ 30	≥ 40

注：①—结合市政雨水井底高程确定，必要时可降至 120 cm。

3.2.4　种植常规绿化植物，盐碱地绿化种植土壤基本理化指标应符合表 3.2-2 的规定，土壤环境指标及其他要求应符合《绿化种植土壤》（CJ/T 340—2016）等相关国家、地方和行业标准的规定。

表 3.2-2　盐碱地绿化种植土壤基本理化指标要求

项目	指标
全盐量 /（g/kg）	≤ 3.0
pH 值	6.5~8.3①
有机质 /（g/kg）	≥ 12
水解性氮 /（mg/kg）	≥ 50
有效磷 /（mg/kg）	≥ 6
速效钾 /（mg/kg）	≥ 60
黏粒 /（g/kg）	≤ 250
土块	3 cm ＜直径 ≤ 5 cm 的土块的含量不大于 6%

注：①—依据 2022 年 6 月土壤调查数据确定，结合土源情况，轻度盐土区域可要求 pH 值 ≤ 8.0。

3.2.5　对于新技术、新方法等其他绿化方式，土壤标准根据试验数据结合具体项目的绿化建设标准及建设周期确定。

3.3　盐碱地园林绿化绿地土壤质量

　　3.3.1　盐碱地区绿地土壤应具有适宜的固、液、气三相比，能够满足绿化植物生长所需的水、肥、气、热等条件。

　　3.3.2　盐碱地区绿地土壤理指标状应符合表 3.3-1 的要求，并加强绿地养护管理，应逐步提高绿地土壤质量和肥力水平。

表 3.3-1　盐碱地区绿地土壤理化指标要求

项目	指标
全盐量 /（g/kg）	≤ 2.6①
pH 值	6.5~8.3
有机质 /（g/kg）	≥ 15
水解性氮 /（mg/kg）	≥ 70
有效磷 /（mg/kg）	≥ 8
速效钾 /（mg/kg）	≥ 80
容重 /（g/cm³）	≤ 1.40

注：①—海边或基址周边土壤全盐量过高的绿地，宜在主导风向一侧种植耐盐的灌丛或地被植物阻挡风迁盐土，以保证绿地土壤全盐量得到有效控制。

3.4 盐碱地绿化土壤质量检测

盐碱地绿化种植土壤基本理化指标检测方法按表 3.4-1 执行，其他指标检测方法参照《绿化种植土壤》（CJ/T 340—2016）的规定。

表 3.4-1 盐碱地绿化种植土壤基本理化指标检测方法

序号	项目	检测方法	来源
1	外观	目测法	—
2	有效土层深度	挖剖面米尺测定（精确到 0.1 cm）	—
3	全盐量	质量法 / 电导率法（水土比 5∶1）	LY/T 1251
4	pH 值	电位法（水土比 2.5∶1）	LT/T 1239
5	有机质	重铬酸钾氧化 - 外加热法	LY/T 1237
6	水解性氮	碱解 - 扩散法	LY/T 1228
7	有效磷	钼锑抗比色法	LY/T 1232
8	速效钾	火焰光度法	LY/T 1234
9	黏粒	密度计法 / 吸管法	LY/T 1225
10	土块	目测法	—
11	容重	环刀法	NY/T 1121.4

第 4 章　盐碱地园林绿化前期工作

4.1 场地勘察

盐碱地绿化建设必须首先开展场地调查。场地调查应包括工程环境勘察、土壤调查和地下水特征监测；场地调查应填写本导则附录C"连云港市盐碱地园林绿化工程基本数据调研表"。

4.1.1 工程环境勘察应勘察工程基址周边场地的区域位置、地形地貌、气候特征、水文状况、原生植被分布、污染状况、交通、水源、电源、地下管网、市政排水及其他周边设施分布情况等，并参考周边项目土壤及原生植被条件大体判断基址的盐碱化状况。

4.1.2 土壤调查包括工程场地现状土壤调查、外来土土源地土壤调查和绿化种植土壤调查。土壤调查应根据场地地形地貌、面积、土壤类型等合理确定土壤检测单元、土壤采样点和土壤采样深度。土壤调查和检测内容包括调查土壤表观质量（颜色、气味、干湿度、垃圾等侵入体），分层取样化验土壤质地、全盐量、pH值、有机质和入渗率五项主控指标，若有一项指标不符合技术要求，则需确定主要障碍因子，制定相应的种植土壤改良或修复方案，土壤改良后方能用于种植。土壤调查取样、样品记录、样品运送、样品处理、样品指标检测要求可参照行业标准《绿化种植土壤》（CJ/T 340—2016）。

4.1.2.1 进行工程场地现状土壤、外来土土源地土壤调查，一般应将调查区划分为3个及以上的土壤检测单元，每个检测单元设置3~7个取样点，每个取样点分层取样，每层厚10 cm或20 cm，并将同一检测单元内的各取样点同土层土样混合组成一个混合样送检，每个取样点土壤取样深度根据现场实际情况确定。

4.1.2.2 对于绿化种植土壤调查，面积小于10 000 m² 的绿化项目一般可划分为3个土壤检测单元；面积为10 000~30 000 m² 的绿化项目一般可划分为3~7个土壤检测单元；面积大于30 000 m² 的绿化项目可根据现场实际情况适当增加土壤检测单元。每个检测单元设置3~7个取样点，每个取样点分层取样，每层厚 10 cm 或 20 cm，并将同一检测单元内的各取样点同土层土样混合组成一个混合样送检，每个取样点土壤取样深度不小于绿化种植土壤有效土层深度。

4.1.3　地下水特征监测指标应包括地下水位、矿化度、pH 值和地下水临界深度；地下水位监测应符合现行国家标准《地下水监测工程技术规范》（GB/T 51040—2014）的有关规定；地下水矿化度检测应符合现行行业标准《矿化度的测定（重量法）》（SL 79—1994）的有关规定；地下水临界深度应综合考虑场地土壤质地、地下水矿化度、降雨、蒸发等因素通过现场试验确定，也可通过实地调查和收集相关资料确定，缺少试验条件和相关资料时也可参照表 4.1-1 确定。

表 4.1-1　地下水临界深度（H_c）　　　　　　　　单位：m

土壤质地	地下水矿化度 / (g/L)			
	< 2	2~5	5~10	> 10
重壤土、黏土	1.0~1.2	1.1~1.3	1.2~1.4	1.3~1.5
中壤土	1.5~1.7	1.7~1.9	1.8~2.0	2.0~2.2
砂壤土、轻壤土	1.8~2.1	2.1~2.3	2.3~2.6	2.6~2.8

4.2　资料收集

4.2.1　收集物探图、地质勘察报告；对重点地段，需收集相应的城市设计规划或导则。

4.2.2　收集项目所在地城镇和乡村规划建设相关技术规程、规范及标准以及盐碱地治理研究等方面的技术资料。

4.2.3　收集特殊地段的城市防洪设计标准及防灾减灾、空中走廊管控等的相关要求。

4.2.4 收集特种企业及其周边绿化标准和特种行业绿化标准。

4.3 方案编制

4.3.1 盐碱地园林绿化建设应在项目建议书、可行性研究报告阶段考虑土壤改良利用专项及投资，方案阶段应结合土壤改良利用的实际需求进行平面和竖向布局，初步设计和施工图设计阶段须落实相应深度的土壤改良利用专项方案，并在施工过程中予以实现。

4.3.2 土壤改良专项方案的编制应遵循科学规范、综合治理、安全可行的原则，具备经济、技术可行性和环境影响可接受性，并应尽可能利用原有土壤资源。

4.3.3 盐碱地园林绿化土壤改良专项方案主要包括方案编制依据、土壤改良目标、效果评价、技术措施、人财物计划、进度计划、概预算及风险评估等关键内容。

4.3.4 盐碱地园林绿化土壤改良专项方案通过专家论证后方可实施。

第5章 盐碱地园林绿化规划设计

5.1 规划设计原则

5.1.1 规划引领。结合国土空间规划，构建连云港市绿地适应性规划"目标—策略—指标"总体技术框架，差异化制定多尺度精准增效规划策略。可结合全国第三次土壤普查成果进行盐碱地土壤改良利用专项规划，对盐碱地园林绿化进行合理分类，规划设计既具备一定前瞻性、又保证可操作性的盐碱地园林绿化体系。打造高品质园林工程，形成以森林和树木为主体，山水林田湖草沙相融共生的生态系统，积极创建国家生态园林城市。

5.1.2 生态优先。树立高质量发展的绿色导向，落实科学、生态、节约的要求，在"双碳"政策和公园城市建设理念下，以生态建设目标为引领，推进绿地、林地、湿地等多维绿网的融合发展，拓展绿色碳汇空间，提升绿地系统的生态质量和生物多样性。尊重建设场地的地形、地貌，结合地域特征和场地条件因地制宜地优化布局体系，持续增强生态系统的碳汇能力。

5.1.3 统筹建设。完善建设机制，增强部门协同；统筹城乡规划，综合管网规划、城市设计、给排水、风景园林等专业的要求，将人工环境与自然环境巧妙地融合在一起；践行节约型绿化理念，大力倡导"以植物为主体，以水土为要素"的园林设计思想，适地适树，创造良好的绿色生境，提升园林绿化项目的建设品质，营造具有地方特色的自然景观。

5.1.4 数字创新。开展绿地管理数字化赋能行动，建立健全绿地质量动态监测、管理和服务系统，打造智慧园林，协同推进技术研发、标准研制、产业应用，打通质量创新成果转化应用渠道。

5.2 一般规定

5.2.1 盐碱地园林规划设计应在批准的控制性详细规划和绿地系统规划的基础上进行。应正确处理绿化与城市建设之间，绿化的社会效益、环境效益与经济效益之间以及近期建设与远期建设之间的关系，实现可持续发展。

5.2.2 盐碱地园林规划应统筹水陆关系，充分利用原土整理地形，节约土壤资源，创造出群落稳定、配置合理的景观空间，以植物造景为主；应与该地段城市风貌相融合，使整体景观形象协调一致，适度体现地方特色。

5.2.3 在乡村规划中，将盐碱地园林绿化融入生态农业、文旅度假等功能，充分挖掘地域文化内涵，从改善乡村景观切入，打造良好的乡村旅游基础条件。综合考虑四季景观和防护功能的需要，充分利用村旁、宅旁、路旁、水旁的地势和条件实施绿化，保持乡野特色。

5.2.4 乡村绿化建设应当统筹整合农、林、牧、渔等业态，构建动物、植物、微生物共生的多元化生态体系，推进乡村现代化发展；因地制宜地利用当地农业有机废弃物产生堆肥，补充土壤有机质，增加土壤肥力；利用当地砂石、秸秆等材料进行地表覆盖，减少蒸发，抑制土壤盐分表聚，从而优化土壤的水肥盐调控。

5.2.5 对于存量改造更新的盐碱地园林绿化项目，须提前探明地下管线的位置、走向、埋深等情况，结合场地及附近的排水条件确定适宜的改良方案，因地制宜地打造精品园林绿地。鼓励民营资本共建社区花园。

5.2.6 设计前，需要对场地内现状或规划地形、水体、建筑物、构筑物、植物、地上或地下管线和工程设施进行调查，做出评价，并提出处理意见，且应符合相关专业的规范要求。

5.2.7 依据场地条件与周边环境因地制宜地制定合理的盐碱地利用或改良方案。在滨海区域可结合规划设置一定范围的盐生植物群落保护区，保护野生盐生植被资源，增加区域的特色旅游资源，提升生态系统多样性、稳定性、持续性。

5.2.8 合理保留和利用原有树木和绿地。对古树名木建档挂牌，明确保护要求和措施。

5.2.9 对有文物价值和纪念意义的建筑物、构筑物，应保留并融合到绿地景观之中，采取适当的保护措施。

5.2.10 盐碱地园林规划结合其他专业规划进行，尤其是与城市竖向设计、海绵城市专项设计密切结合，并提出对所需专业的要求，协调地形及排水高程，预留给水、排水及电源路由的进出位置；公园绿地还需预留网络、监控、污水等的专业接口；周边道路处于建设期的，应提前预埋过路套管。

5.2.11 设置在绿地内的设施箱柜、管线、标识应结合景观风格进行美化处理，宜结合二维码信息以方便信息化管理，同时注意盐碱地区的防腐蚀设计。

5.2.12 未尽事宜应符合《江苏省城市绿地规划建设导则》4.3.10 的规定。

5.3 总体设计

5.3.1 盐碱地园林绿化建设应厉行生态节约的原则。

5.3.2 各规划组团、各盐碱地类型应具有相对独立的景观特征，同时风格协调、整体统一。

5.3.3 根据边界规划高程、设计水位、地下水情况、排盐和排水条件进行科学合理的地形设计，要求充分利用现状地形地貌，减少土方外运，对可利用的原表层种植土进行土方调配，节约土壤资源。

5.3.4 候鸟迁徙路径、水网密集的地段，宜完善滨海湿地、滨水园林绿地的统筹规划设计，科学布局，通过土方平衡、生态复绿等方法，实践节约型、生态型园林绿地，保护滨海、滨水湿地资源，提升生物多样性。

5.3.5　如遇大面积不宜扰动的软弱地基，可考虑铺设竹笆增加地基承载力，必要时可进行地基处理。

5.3.6　在盐碱地上进行园林绿化种植时，应将工程基址的地下水位控制在地下水临界深度以下。

5.3.7　地下水位位于临界深度以上，地下水矿化度大于 3.0 g/L，且四周不具备排水条件的绿化地块，宜采取客土抬高地面的方式。

5.3.8　由于盐碱地的特殊性，设计中宜适当抬高地势进行种植，但不宜有陡坡，无隔淋层的绿化区域应减少洼地和地面径流。设计山坡、谷地等地形时，土方必须保持稳定。

5.3.9　地形设计应满足不同类型植物所要求的最低种植土层厚度，参见表 3.2-1。

5.3.10　绿地沿道路部分的土壤表层标高应略低于道路侧、缘石顶面 3~5 cm，避免地面径流冲刷、污染城市道路或绿地，并在 50~100 cm 范围内完成与设计地形的衔接。绿地与铺装衔接细部见图 5.3-1。

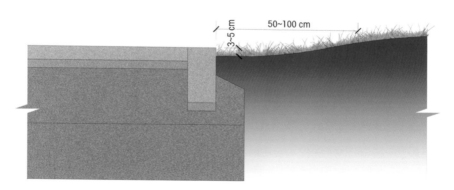

图 5.3-1　绿地与铺装衔接细部

5.3.11　如有无法进行自然排水的低洼地段，应设计地下排水系统。

5.3.12　地形设计应考虑雨水的调蓄、收集与排放；可利用洼地、地下集水管网等形式进行雨水的收集回用，具体结合工程实际详细设计。

5.3.13　如需在已建成的绿化带增加开口，需保证给排水地下管网等设施的功能完整，必要时增设过路套管或新建浇灌井、排盐检查井，地下管网就近接入市政管网；地形和种植设计需结合绿带宽度、开口大小等进行相应调整。

5.3.14 采用树池形式绿化时，树池规格宜不小于 $2.0\,m \times 2.0\,m$，必要时进行条带状换土，扩大植物根系的生长空间。

5.4　土壤改良设计

连云港市盐碱地土壤结构差，全盐量高，碱性强，地下水埋深浅，易发生次生盐渍化，且土壤养分贫乏。为了保证园林植物长期稳定的生长，需要有效降低地下水位、阻断潜水蒸发以防止土壤次生盐渍化的发生，并合理改善土壤理化性质与养分状况。

5.4.1　一般规定

5.4.1.1　盐碱地绿化项目场地土壤质量不符合本导则 3.2 节的规定或项目场地存在加剧土壤盐碱化的不利环境条件（如地势低洼、地下水位高、排水不良等）时，应提前采取土壤改良措施。

5.4.1.2　盐碱地绿化土壤改良应根据场地环境、土壤条件、建设投资金额、建设周期和预期绿化景观效果等条件，制定适宜的土壤改良专项技术方案，合理利用现状土壤。

（1）建设周期允许的项目，宜采用原土改良技术，就地进行土方平衡。

（2）建设周期短、景观效果要求高的项目，方可选用客土置换的方法。

5.4.1.3　盐碱地绿化土壤改良技术措施主要包括物理改良、水利改良、化学改良和生物改良。物理改良主要包括填土抬高、铺设隔淋层、深耕晒垡、掺拌改土、大穴回填客土等。水利改良主要包括灌溉淋洗、明沟排盐（水）、暗管排盐（水）等。化学改良主要包括施加有机物、酸性改良剂、钙质改良剂等。生物改良主要包括种植耐盐或盐生植物、种植绿肥植物、施加微生物菌剂等。

5.4.1.4　盐碱地绿化土壤改良可参照表 5.4-1 选择适宜的改良措施，并应因地制宜地采取综合改良技术措施，鼓励试验示范，推广应用新材料、新技术、新方法。

表 5.4-1　盐碱地绿化土壤改良措施及适用范围

改良方法	具体措施	适用范围
物理改良	填土抬高	地势低洼、地下水位较高、排水不畅的盐碱地
	铺设隔淋层	地下水位较高、深层土壤全盐量较高的盐碱地
	深耕晒垡	所有盐碱地，尤其是土质板结、黏重的盐碱地
	掺拌改土	土质板结、黏重，含夹砂层、夹黏层的盐碱地
	大穴填客土	地势较高、地下水位较低或得到控制的盐碱地
水利改良	灌溉淋洗	全盐量较高的盐碱地
	明沟排盐（水）	地势低洼、地下水位较高、排水不畅的盐碱地
	暗管排盐（水）	地势低洼、地下水位较高、排水不畅的盐碱地
化学改良	施加有机物	所有盐碱地
	施加酸性改良剂	pH 值大于 8.0 的盐碱地
	施加钙质改良剂	pH 值大于 8.5 的盐碱地
生物改良	种植耐盐或盐生植物	全盐量为 6.0 g/kg 以上的盐碱地
	种植绿肥植物	全盐量为 6.0 g/kg 以下的盐碱地
	施加微生物菌剂	所有盐碱地

5.4.2　物理改良

5.4.2.1　填土抬高。

（1）地势低洼、地下水位较高、排水不畅等场地的盐碱地绿化可采取填土抬高改良措施抬高栽植地面。回填土壤根据场地条件可选择客土、客土与盐碱土的组合、盐碱土。填土抬高最小抬高高度应根据试验或调查分析确定，也可参照式（5.4-1）计算确定。典型断面参照图 5.4-1。

$$\Delta H_{min} = H_c - H_a + H_p \qquad\qquad (5.4\text{-}1)$$

式中：ΔH_{min}——场地最小抬高高度，m；

H_c——场地地下水临界深度，m；

H_a——场地多年地下水平均埋深，m；

H_{p}——有效土层厚度，m。

图 5.4-1　填土抬高的典型断面示意

（2）采取客土或客土与盐碱土的组合回填抬高改良措施时，客土应填垫在上层，并可在客土层底部配套采取铺设隔淋层的改良措施，防止下层土壤盐分向上运动影响客土，填垫后场地抬高高度（ΔH）不应小于场地最小抬高高度（$\Delta H_{\min}$），且客土层厚度（D_{s}）应不小于有效土层厚度（H_{p}）。

（3）采取盐碱土回填抬高改良措施时，应配套采取铺设隔淋层、灌溉淋洗、排盐或大穴填客土等改良措施降低绿化种植土壤的盐分，填垫后场地抬高高度（ΔH）应不小于场地最小抬高高度（$\Delta H_{\min}$）。典型断面参照图 5.4-2。

图 5.4-2　盐碱土回填抬高的典型断面示意

（4）因工程环境、社会环境等因素影响，场地填垫抬高受到限制，设计场地抬高高度小于场地最小抬高高度（$\Delta H < \Delta H_{\min}$）时，应配套采取铺设隔淋层、排盐改良等措施防止场地地下水位上升影响绿化种植土壤。典型断面参照图 5.4-3。

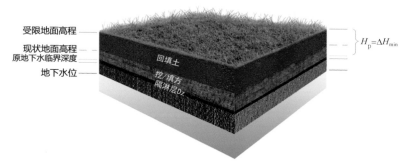

图 5.4-3　受限场地抬高的典型断面

5.4.2.2　铺设隔淋层。

（1）地下水位较高、深层土壤全盐量较高等场地的盐碱地绿化可采取铺设隔淋层改良措施。隔淋层材料应为坚实稳固的砂石透水材料或类似材料，隔淋层上下土层土壤稳定性较差时，砂石材料级配应符合国家标准《灌溉与排水工程设计标准》（GB 50288—2018）的规定，或在隔淋层上部或下部铺设一层土工织物。

（2）采取铺设隔淋层改良措施时，隔淋层应铺设在场地设计绿化种植土壤土层之下、地下或设计常水位水面之上 30~60 cm 位置，隔淋层厚度为10~30 cm。隔淋层存在地下水位上升浸渍风险的场地应配套采取明沟或暗管排盐改良措施。

5.4.2.3　深耕晒垡。

土质板结、黏重场地的盐碱地绿化可采用深耕晒垡改良措施。深耕晒垡措施一般应在秋冬之际实施，利用气候干湿、冻融的交替作用改良松散土壤。深耕晒垡土壤深翻深度应与设计的绿化种植土壤有效土层厚度一致。

5.4.2.4　掺拌改土。

（1）填垫或未填垫场地地表以下有效土层厚度范围内的土层或隔淋层之上的土层如有夹砂层或夹黏层，应采取掺拌改土措施，翻淤压砂或翻砂压淤，并使上下砂、黏土掺混均匀。

（2）填垫或未填垫场地地表以下有效土层厚度范围内的土层或隔淋层之上的土层土壤质地如为黏土，应掺拌砂、矿渣等粗颗粒物料，粗颗粒物料的掺拌比例为 15%~25%。

5.4.2.5 大穴填客土。

地势较高、地下水位较低或得到有效控制的场地可采用大穴填客土的改良措施，开挖树穴，换填客土。树穴穴径应为植物胸径的8~10倍，穴深应为植物胸径的6~8倍，穴底铺设隔淋层，隔淋层厚10~20 cm，穴内回填客土。

5.4.3 水利改良

5.4.3.1 灌溉淋洗。

土壤全盐量较高场地的盐碱地绿化可采用灌溉淋洗方式降低土壤盐分。灌溉淋洗一般应在雨季进行，充分利用雨水资源淋洗土壤盐分，也可利用再生水、微咸水、淡水资源淋洗改良土壤。淋洗方式一般应采用节水淋洗效果较好的喷灌或滴灌，土质较黏重的土壤也可采用漫灌。淋洗用水量（淋洗定额）应根据试验或调查分析确定，淡水淋洗定额也可参照式（5.4-2）计算确定。

$$I_r = 10\,000H_s\gamma\left(\theta_f - \theta_i\right) + 10\,000H_s\gamma\left(S_i - S_f\right)/K + E - P \qquad (5.4\text{-}2)$$

式中：I_r——淋洗定额，m^3/hm^2；

H_s——改良土层深度，m，应不小于有效土层厚度；

γ——改良土层土壤容重，kg/m^3；

θ_f——改良土层土壤改良前田间持水量，%；

θ_i——改良土层土壤改良前初始含水量，%；

S_i——改良土层土壤改良前初始全盐量，g/kg；

S_f——改良土层土壤目标全盐量，g/kg，一般采用3.0 g/kg；

K——排盐系数，kg/m^3，一般根据试验确定；

E——淋洗期间累积蒸发量，m^3/hm^2；

P——淋洗期间累积降雨量，m^3/hm^2。

5.4.3.2 排盐（水）改良。

（1）一般规定。地势低洼、地下水位较高、排水不畅等场地可采用排盐（水）改良等水利措施改善土壤排水条件，控制地下水位，促进土壤脱盐，防控土壤次生盐碱化。

排盐（水）改良措施主要采用暗管排盐（水）、明沟排盐（水）或暗管－明沟组合排盐（水）等形式，应综合考虑自然、社会、经济、环境、生态等方面的因素，因地制宜地合理选择排盐（水）形式和布置支、主排盐管（沟）。

（2）排盐（水）标准。采取排盐（水）改良技术措施，应综合考虑场地条件、经济、环保等方面的因素，经技术经济分析与论证确定排盐（水）标准，且排盐（水）标准的确定应符合以下要求：排盐（水）改良场地地下水控制埋深设计值（H_t）不宜小于地下水临界深度＋有效土层厚度之和（$H_c + H_p$），当地下水控制埋深设计值小于地下水临界深度＋有效土层厚度之和时，应通过水盐平衡分析论证确定排盐（水）标准。受场地条件、社会经济环境等因素的影响，排盐（水）改良场地的地下水位不易达到设计控制深度时，可配套采取铺设隔淋层措施。铺设隔淋层措施应符合本导则 5.4.2.2 的相关要求，配套铺设隔淋层措施的排盐（水）改良场地地下水控制埋深设计值（H_t）不应小于有效土层厚度＋隔淋层厚度之和（$H_p + D_z$）。典型断面参照图 5.4-4 和图 5.4-5。

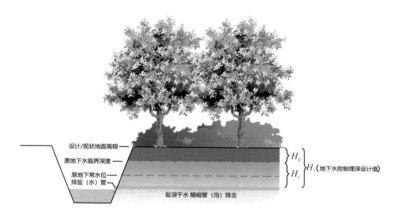

图 5.4-4　排盐（水）管控制地下水的标准断面

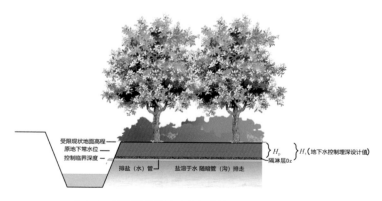

图 5.4-5　受限场地排盐（水）管控制地下水的标准断面

防治次生盐碱化的排盐（水）工程设计排水模数可按式（5.4-3）计算确定，淋洗改良的排盐（水）工程设计排水模数可按式（5.4-4）计算确定，兼具冲洗改良和防控次生盐碱化功能的排盐（水）工程设计排水模数可选取式（5.4-3）和式）（5.4-4）计算结果的较大值。

$$q = \mu\Omega\left(H_t - H_0\right)/t \tag{5.4-3}$$

$$q = \left(I_r - \varepsilon_0 t - \Delta\omega\right)/t \tag{5.4-4}$$

式中：q——排水模数，m/d；

μ——地下水降低范围内的平均给水度；

Ω——地下水性状修正系数，明沟取 0.7~0.8，暗管取 0.8~0.9；

H_t——地下水控制埋深设计值，m；

H_0——场地高水位期地下水埋深，m；

I_r——淋洗定额，m；

ε_0——水面蒸发强度，m/d；

$\Delta\omega$——淋洗改良前后改良土层土壤含水量增加值，m；

t——防止返盐的改良时间或淋洗改良时间，d。

（3）明沟排盐（水）。采用明沟排盐（水）改良措施时，明沟排盐（水）设计应符合以下要求。

明沟排盐（水）一般由支排盐沟与主排盐沟两级沟道组成，必要时可增加沟道的级数，并应合理利用现有沟、渠、河道作为主排盐沟或更高级沟道。支排盐沟出口应采用自排方式，主排盐沟或更高级沟道出口处一般应设置涵闸或提排泵站，防止水体顶托或倒灌。

没有配套采取隔淋层措施的支排盐沟深度可按式（5.4-5）计算确定，配套采取隔淋层措施的支排盐沟深度可按式（5.4-6）计算。

$$H_d = H_t + \Delta h + h_i \tag{5.4-5}$$

$$H_d = H_p + D_z + h_i \tag{5.4-6}$$

式中：H_d——支排盐沟深度或支排盐管埋深，m；

H_t——地下水控制埋深设计值，m；

H_p——有效土层厚度，m；

Δh——剩余水头，m，一般取 0.1~0.2 m；

D_z——隔淋层厚度，m，一般取 0.1~0.3 m；

h_i——支排盐沟或支排盐管中的水深，m，一般取 0.1~0.2 m。

支排盐沟间距可根据田间试验法、理论计算法和经验数值法确定，理论计算法可参照国家标准《灌溉与排水工程设计标准》（GB 50288—2018），经验数值法可按当地或类似地区实践经验值选用数值，也可参照表 5.4-2 选用数值。

表 5.4-2　支排盐沟（管）间距、深度与土壤质地的关系

土壤质地	支排盐沟深度或暗管埋深 /m	支排盐沟（管）间距 /m
重壤土、黏土	0.8~1.8	3~15
中壤土	0.8~2.4	5~20
轻壤土、砂壤土	0.8~3.0	8~30

支、主排盐沟断面设计应能保证沟道的排盐（水）能力，占地少，工程量小，正常运行时沟道边坡稳定，不发生冲刷、淤积或边坡坍塌等情况。主排盐沟设计水位应低于支排盐沟水位 0.2 m 以上，主排盐沟排盐（水）应具备良好的出流条件。支、主排盐沟沟底比降应根据沿线地形、土质条件、上下级沟道水位衔接条件，不冲、不淤要求等确定，并宜与沟道沿线地面坡度接近。

（4）暗管排盐（水）。采用暗管排盐（水）改良措施时，暗管排盐（水）设计应符合以下要求。

暗管排盐（水）一般由支排盐管（集水管）和主排盐管（汇水管）两级管道、外包滤料和检查井、集水井等附属设施组成，必要时可增加管道的级数。

对于没有配套采取隔淋层措施的支排盐管，其埋深可按式（5.4-5）计算确定，配套采取隔淋层措施的支排盐管埋深可按式（5.4-6）计算。支排盐管间距可根据田间试验法、理论计算法和经验数值法确定，理论计算法可参照国家标准《灌溉与排水工程设计标准》（GB 50288—2018），经验数值法可按当地或类似地区实践经验值选用数值，也可参照表 5.4-2 选用数值。

主排盐管埋深应低于主、支排盐管连接处的支排盐管埋深 10~20 cm，并保证支排盐管在正常条件下自由出流，主排盐管间距根据支排盐管的平面布置形

式和地形确定。

排盐（水）暗管管材应性能良好、寿命较长、无毒无害、施工方便，并满足承载力要求；管径选择应能保证通过设计排水量，不致经常出现满管水流，一般可按式（5.4-7）、式（5.4-8）、式（5.4-9）计算，且支排盐管内径不得小于 50 mm、主排盐管内径不得小于 80 mm。

支排盐管内径：

$$d = 2\left(\frac{nQ}{\alpha\sqrt{3i}}\right)^{3/8} \qquad (5.4\text{-}7)$$

主排盐管内径：

$$d = 2\left(\frac{nQ}{\alpha\sqrt{i}}\right)^{3/8} \qquad (5.4\text{-}8)$$

$$Q = CqA \qquad (5.4\text{-}9)$$

式中：d——排盐（水）暗管内径，m；

i——水力梯度，可采用排盐（水）暗管比降；

α——与管内充盈度有关的系数，一般支排盐管取 1.6，主排盐管取 2.0；

n——粗糙系数，波纹塑料管取 0.016，光壁塑料管取 0.011；

Q——设计排水流量，m^3/d；

C——与面积有关的流量系数，通常取 1；

q——设计排水模数，m/d；

A——排盐（水）暗管控制面积，m^2。

对于排盐（水）暗管管道线比降，管内径不大于 0.1 m 时取 1/1 000~1/500；管内径大于 0.1 m 时取 1/1 500~1/1 000；地形平坦地区支排盐管首末端高差不宜超过 0.4 m。支排盐管周围应均匀铺设外包滤料，外包滤料一般采用坚实稳固的砂石透水材料或类似材料，砂石滤料压实厚度一般为 5~10 cm；支排盐管周围土壤稳定性较差时，砂石滤料级配应符合国家标准《灌溉与排水工程设计标准》（GB 50288—2018）的规定，或在砂石滤料周围包裹一层土工织物。

5.4.3.3 排盐系统设计。

（1）地下水应控制在允许深度以下：地下水沿土壤毛细管上升的前缘应

稳定在有效土层以下，避免土壤次生盐渍化而影响植物生长发育。当地下水位较高时，应抬高地面或挖排水明沟或铺设隔淋层，以满足植物生长要求。

（2）根据土壤的全盐量、pH 值、容重等理化指标，有针对性地采取不同的排盐措施。

（3）排盐工程设计主要有明沟排水、盲沟排水、暗管排水、铺设隔淋层、暗管与隔淋层相结合等方式。

1）控制场地的地下水位，可设置排水沟作为辅助排盐措施，排水沟宜结合园林水系和基址地形进行布置。设计明沟排水系统时，在满足排盐功能的前提下，需要兼顾景观效果，与周边环境相协调，设计应符合《灌溉与排水工程设计标准》（GB 50288—2018）中 7.1 的有关规定。

2）明沟排水适用于无排水管网条件的非核心绿地，必要时可护砌；其他排盐方式需结合土壤检测结果、地下水位情况等因素确定。

3）暗管排盐系统宜分级设置，常用一级暗管（集水管）排盐模式、二级暗管（汇水管）排盐模式两种类型，必要时可增设汇水管级数。

4）排盐系统宜接入市政雨水管网，或就近汇入大型景观水体，不得接入市政污水管网。外露于地表的排盐设施宜隐蔽，如井口可设置隐形井盖，出水口可用植被或景石掩饰，泵房应考虑景观化的外观等。

（4）绿地槽底需保证地表平整，压实系数不宜低于 85%。软土层宜进行地基处理。

（5）降低地下水位采用的暗管排盐措施应符合下列规定。

1）应根据工程基址的气候条件、水盐运移规律、地下水位、土壤质地和植物耐盐性等条件，设置暗管的埋深和间距。

2）暗管排盐工程施工应符合现行行业标准《暗管改良盐碱地技术规程　第 2 部分：规划设计与施工》（TD/T 1043.2—2013）的有关规定。

3）中度盐渍土可参照图 5.4-6 无隔淋层的暗管排盐管道平面图布设。

4）无隔淋层的盲管沟和盲沟断面参考做法见图 5.4-7 和图 5.4-8。

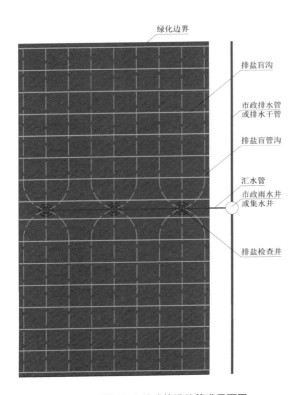

图 5.4-6　无隔淋层的暗管排盐管道平面图

注：排盐沟（管）间距、深度结合土壤质地根据本导则表 5.4-2 选用，管径根据式（5.4-7）和式（5.4-8）计算确定。

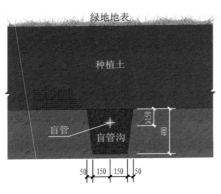

图 5.4-7　无隔淋层的盲管沟断面图

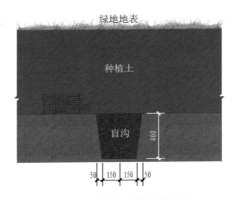

图 5.4-8　无隔淋层的盲沟断面图

5）重度盐渍土及盐土应按照图 5.4-9 布设；如可利用场地高差保证隔淋层的有效排水坡度，可不设置排盐盲管沟。

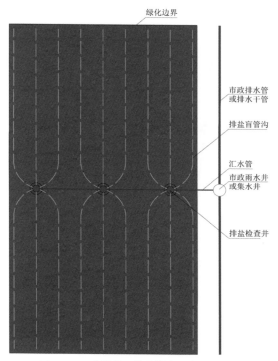

图 5.4-9　有隔淋层的暗管排盐管道平面图

注：排盐沟（管）间距、深度结合土壤质地根据本导则表 5.4-2 选用，管径根据式（5.4-7）和式（5.4-8）计算确定。

6）有隔淋层的参考排盐断面见图 5.4-10 和图 5.4-11。

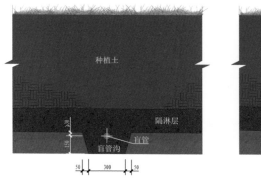

图 5.4-10　有隔淋层的盲管沟断面图　　**图 5.4-11　仅设置带坡度的隔淋层断面图**

隔淋层的厚度依据绿地性质、盐碱程度和排水条件参照表 5.4-3 选择设置。

表 5.4-3 隔淋层参考厚度

类型	隔淋层厚度 /cm
临时绿地	10
轻、中度盐碱土	15
重度盐碱土、盐土	20①
无排水条件的树穴 / 花坛	30

注：①—持力层稳定时，可降至 15 cm。

7）排盐盲管铺设间距依据设计埋深确定，参见表 5.4-2，通常为 8~10 m，浅于 1 m 埋深的情况下适当减少敷设间距。

8）地形较平坦的区域宜等间距布设集水管；地形有较大起伏的区域宜沿等高线大体上等间距布设集水管。

9）排盐暗管坡向排盐检查井或其他集水井时，排盐集水管坡降宜为 0.1%~0.3%，排盐汇水管坡降宜为 0.05%~0.1%；在地形平坦地区，管道首末端的埋深差值不宜大于 0.4 m。

10）排盐集水管及排盐汇水管选材应经济适用、形状规整、壁厚均匀、管体平直和满足安全荷载的强度要求，通常使用 PVC（聚氯乙烯）管材或 PE（聚乙烯）管材，其质量应符合国家及地方现行有关标准的规定。

11）排盐集水管的外包滤料应选用耐酸、耐碱、不易腐烂、对植物无害、不污染环境、方便施工的透水材料，渗透系数应比周围土壤大 10 倍以上，如液态渣、炉渣、净石屑（粒径 ≤ 1 cm）、河沙等，厚度不少于 15 cm。滤料中不得掺杂黏土、石灰等黏结物。

12）排盐系统出口管底宜高于所入市政雨水井最低管道的管底或设计常水位 50 cm 以上，否则需采用排盐阀门井与出口连接，防止雨水和设计水域范围内的水倒灌。

（6）暗管排盐工程应视具体情况设置检查井、集水井等附属设施。

（7）检查井与集水井宜设置在暗管交接处、暗管转角和坡降突变处，以及穿越沟、渠、路的两侧或下游一侧。

（8）检查井间距不宜小于 50 m，井径不宜小于 80 cm。井内最低进水与出水管管顶平接；上一级主排水管管底应高于下一级主排水管管底 5 cm；检查井应预留 20~50 cm 的沉沙深度。绿地中各类井的顶面应高于种植土表面 10 cm，铺装中的井盖顶面应与周边场地平齐，并设置安全井盖，宜选用隐形井盖。

（9）暗管排盐系统的出口宜采用自流排水方式；无自流排水条件时，应本着经济节约的原则，采取集中或分片强排方式。

（10）暗管可与明沟排水结合布置，构成复合式排水网络。排盐系统应通过汇水管与明沟相接，接口处应采取防冲刷措施；管道外露部分应隐蔽，可隐藏在地被植物中，或结合明沟面层做法统一考虑整体视觉效果。

（11）设置隔淋层时，通常使用粒径 1 cm 左右的净石屑，或就近选择工业废渣等环保材料（如液态渣、炉渣等，但不得对客土造成二次污染）。隔淋层的厚度应符合设计要求，最低高程不得低于地下水位或接近水体设计最高水位。

5.4.4　化学改良

（1）绿化种植土、绿地的土壤碱性较强（pH 值大于 8.5 或碱化度大于 5%）或结构较差时可采取化学改良措施进行土壤改良。

（2）调节土壤酸碱度的化学改良措施主要包括以下方式。

1）施用钙质调理剂，如磷石膏、脱硫石膏、石膏等；

2）施用酸性盐类调理剂，如硫酸亚铁、硫酸铝等；

3）施用有机酸类调理剂，如腐植酸、糠醛渣、草炭、风化煤等；

4）施用新型调理剂或产品。

（3）调节土壤结构的化学改良措施主要有施用有机肥、施用结构调理剂等。

（4）土壤调理剂施用量与施用方法应综合考虑土壤性状、改良剂性状、土壤改良目标等因素，经试用、试验分析确定。

（5）常用化学改良措施和方法参照表 5.4-4。

（6）常用有机肥质量要求如下。

牛粪：完全腐熟、无恶臭、无杂质，符合《粪便无害化卫生要求》（GB 7959—2012）的规定，含水量≤25%，有机质含量≥35%，pH 值≤8.0，大于 3 cm 的块状物或植物残渣不超过 5%。

草炭土：无杂质，含水量≤50%，有机质含量≥40%，腐植酸含量≥15%，pH

值≤6.5，大于 3 cm 的块状物或植物残渣不超过 5%。

表 5.4-4　常用化学改良措施和方法

措施		适用范围	调理剂类型	方法
施用土壤酸碱度调理剂	施用钙质调理剂	碱化土壤，pH 值大于 8.5	如磷石膏、脱硫石膏、石膏等	施用量一般为 200~1 000 千克/亩，撒施地表并与改良土层土壤掺拌均匀
	施用酸性盐类调理剂	碱化土壤，pH 值大于 8.0	如硫酸亚铁、硫酸铝等	施用量一般为 30~300 千克/亩，撒施地表或掺砂撒施地表并与改良土层土壤掺拌均匀，也可溶于水后灌溉施用
	施用有机酸类调理剂		如腐植酸、糠醛渣、草炭、风化煤等	施用量一般为 1 000~3 000 千克/亩，撒施地表并与改良土层土壤掺拌均匀
	施用新型调理剂		如禾康、盐碱丰、黄腐酸类液态调理剂	产品施用量与施用方法参照产品说明书
施用结构调理剂	施用有机肥	所有盐碱地	腐熟秸秆、牛粪、鸡粪、草炭土等	施用量一般为 2 000~4 000 千克/亩，撒施地表并与改良土层土壤掺拌均匀
	施用新型结构调理剂		高分子聚合物类、矿物类等	产品施用量与施用方法参照产品说明书

注：1 亩 ≈ 666.7 平方米。

5.4.5　生物改良

（1）绿化种植土、绿地土壤盐碱成分含量较高或结构较差时可采用生物改良措施进行改良。

（2）生物改良措施主要有种植耐盐、盐生植物改良土壤，种植绿肥植物改良土壤，施用微生物菌剂或菌肥等改良土壤。

耐盐、盐生植物主要有盐地碱蓬、碱蓬、碱茅等；绿肥植物主要有田菁、苜蓿、红豆草、黑麦草等；微生物菌剂或菌肥主要是富含耐盐或嗜盐微生物菌群的菌剂和菌肥产品。

5.5　种植设计

5.5.1　植物种类的选择

5.5.1.1　适地适树，应选择耐盐碱能力较强的乡土树种或其他本地驯化成功的树种。沿海盐碱地植物还应具有抗海潮风的能力。

5.5.1.2　林下植物应具有耐荫性，其根系发展不得影响乔木根系的生长。

5.5.1.3　选择改善种植地条件后可以正常生长的、具有特殊意义的植物种类。

5.5.1.4　不得种植非地带性非适生植物。

5.5.1.5　海滨绿地可用耐盐碱的乔木、灌木和盐生植物营造混交海岸林带。

5.5.1.6　宜适当保留、利用原生盐生植物群落，充分利用原生植物开展设计，展现地方特色。

5.5.2　主要技术指标

5.5.2.1　体量控制根据上层林冠植物类型的覆盖面积占绿化用地总面积的百分比来确定。

防护绿地及道路两侧绿带的体量控制通常为乔木 50%，灌木 30%，地被草坪 20%，即树草比 ≥ 4 : 1。

公园绿地、广场绿地的树草比应介于 3 : 1~4 : 1 之间，并结合功能分区做适当调整。

附属绿地的树草比 ≥ 4 : 1。

受海潮风影响的区域可适当降低乔、灌木占比。

区域绿地应参考原生植被群落的构成合理确定树草比。

5.5.2.2　选择的植物以乡土树种为主。

5.5.2.3　根据植物生长速度与经济情况确定相应植物种类的种植密度，形成的郁闭度参照表 5.5-1。

表 5.5-1　连云港市盐碱地园林绿化适宜的郁闭度

类型	开放当年标准	成年期标准
密林	0.5~0.7	0.7~1.0
疏林	0.2~0.4	0.4~0.6
疏林草地	0.1~0.2	0.2~0.3

注：各观赏单元应另行计算，丛植、群植近期郁闭度应大于 0.6；带植近期郁闭度宜大于 0.7。防护绿地及道路两侧绿带应按密林设计。

5.5.2.4　适生植物品种参见《连云港园林适生植物图鉴》（江苏凤凰科学技术出版社，2016）及本导则附录 E。

5.6　给排水系统设计

5.6.1　给水系统设计

5.6.1.1　给水管网布置和配套工程设计应满足项目内灌溉、水盐调控、人工水体、喷泉水景、生活、消防等的用水需要。

5.6.1.2　给水系统应采用节水型器具，并配置必要的计量设备。

5.6.1.3　水质与水源要求如下。

（1）盐碱地园林绿化灌溉用水水质标准的主要控制指标应满足表 5.6-1 的要求。

表 5.6-1　盐碱地绿化灌溉用水水质主要控制指标

序号	项目	指标
1	pH 值	5.5~8.0
2	矿化度	≤ 0.5 g/L

在以下地区，矿化度标准可以适当放宽。

1）有条件设置水利排灌工程设施的地区，能够有效排水。

2）淡水资源较为丰富的地区，能持续进行大水洗盐。

（2）以河湖、水库、池塘、雨水等天然水作为灌溉水源时，水质其他指标应符合现行国家标准《农业灌溉水质标准》（GB 5084—2021）的有关规定。

（3）再生水作为景观环境用水的初次充水或补水水源时，其水质其他指标应符合《城市污水再生利用 景观环境用水水质》（GB/T 18921—2019）中的规定。

（4）植物灌溉水质主要满足表 5.6-1 的要求，并应符合《城市污水再生利用 绿地灌溉水质》（GB/T 25499—2010）中的要求。

（5）在灌溉用水的管线及设施上，应设置防止误饮、误接的明显标志。

（6）水景工程的水质无法满足上述规定时，应进行水质净化处理。

（7）结合土壤的水盐监控，定期进行水质水量监测，并进行设施维护等工作。

（8）景观环境用水，消防、生活用水的水质和水源要求参照《公园设计规范》（GB 51192—2016）中的 9.1 执行。

5.6.1.4　灌溉方式如下。

（1）盐碱地园林绿地的灌溉与排渍、排涝设施应同灌水淋盐和雨季蓄淡洗盐设施相结合。

（2）养护园林植物用的灌溉系统应与工程条件、种植设计配合，选择人工浇灌或节水灌溉（喷灌、微灌）的方式，节水灌溉系统前端可连接中央控制器和传感设施。

1）喷灌（全面积灌溉）见图 5.6-1。

2）几种微灌形式见图 5.6-2～图 5.6-4。

（3）不同生态习性的植物可按表 5.6-2 选择不同的节水灌溉方式进行灌溉。

（4）不同的灌溉方式可以通过轮灌区设计来实现。喷灌或微灌设施应分区、分段控制。

图 5.6-1　喷灌（组图）

图 5.6-2　滴灌

图 5.6-3　涌泉灌

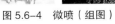

图 5.6-4　微喷（组图）

表 5.6-2 不同类型植物适宜的节水灌溉方式

植物类型	适宜的节水灌溉方式
花卉	微喷、滴灌
草坪	喷灌、微喷
灌木	滴灌、喷灌
绿篱	滴灌、微喷
乔木	涌泉灌、滴灌

（5）微灌水质除必须符合《农田灌溉水质标准》（GB 5084—2021）的规定外，还应满足以下条件：进入微灌管网的水应经过净化处理，不应含有泥沙、杂草、鱼卵、藻类等物质；微灌水质的 pH 值一般应在 5.5~8.0 范围内；微灌水的矿化度不应大于 2 g/L；微灌水的含铁量不应大于 $4×10^{-4}$ g/L；微灌水总硫化物含量不应大于 $2×10^{-4}$ g/L。

（6）当管道压力不满足灌溉需求时，可设置管道泵或小型泵房提高给水压力。

5.6.2 排水系统设计

5.6.2.1 新建绿地排水系统应采用雨污分流制排水方式。

5.6.2.2 盐碱地园林绿化排水系统设计应结合改良利用方式、排盐系统和海绵城市专项设计统筹布局、有效衔接。远离市政排水系统时，绿地的排水系统宜汇入周边河湖水系；必要时新建集水井，并采取强排措施。

5.6.2.3 截留、排水设施的设计应考虑景观效果，与绿地景观相结合，并根据汇水面积、土壤质地、山体坡度，经过水文计算进行设计。

5.6.2.4 优先采用植被浅沟、下沉式绿地、雨水塘等地表生态调蓄、排水设施。

5.6.2.5 游人集中的场所、重要景观节点、主要道路和停车场应做有组织的排水设计。

5.6.2.6 生活污水的排放应符合下列规定。

（1）不应直接进行地表排放、排入河湖水体或渗入地下。

（2）生活污水经化粪池处理后排入城市污水系统，水质应符合现行国家标准《污水排入城镇下水道水质标准》（GB/T 31962—2015）的有关规定。

（3）当项目外围无市政管网时，应自建污水处理设施，生活污水应达标排放。

5.7　生态复绿

5.7.1　基本模式

根据生态位原理、生物多样性原理和植物演替规律，通过适当的方法人工干预盐生植被的演替，对生境中自然分布的植物种类进行人工抚育并引种驯化一部分外来植物种类，是盐碱地生境中植被恢复的可行途径。综合国内外经验及连云港市的盐碱地绿化实践，本导则提出以下适宜连云港市盐碱地未开发区域生态复绿的基本模式。

（1）第一步：针对连云港市盐碱地的土壤特性，对不具备绿化条件的土壤进行充分风化、改良、深翻、熟化，促进矿物质的转化，增加土体的矿物营养成分。

（2）第二步：在初步具备绿化条件的土壤上种植盐生植物，降低土壤全盐量。

（3）第三步：耐盐碱植物和豆科根瘤植物可作为园林绿化的先锋植物进行轻、中度盐碱地的配植，如耐盐绿肥植物紫穗槐、田菁、草木樨、红柳、枸杞、沙棘等，它们经过一定的生长周期后可通过翻压以增加土壤有机质含量，改善土体的理化结构。

（4）第四步：引入更多的乡土植物及园林植物增强区域的生物多样性。

5.7.2　重度盐渍土上的盐生植物绿化

（1）现状重度盐渍土表层土壤进行翻耕熟化后，开挖沟渠，使原土就地平衡，形成大田式种植模式，播种盐地碱蓬，形成盐地草甸的自然景观，减少摞荒地的扬尘量，见图 5.7-1。

（2）仅对现状表层土壤进行翻耕熟化，随后扦插柽柳枝条，形成具有滨海盐渍土特色的盐生植被景观，见图 5.7-2 和图 5.7-3。

图 5.7-1　原土种植碱蓬

图 5.7-2　原土种植柽柳

图 5.7-3　原土种植柽柳一年后

5.7.3　中度盐渍土上的耐盐碱植物绿化

（1）在初步脱盐的滨海盐渍土上种植先锋植物进行生物改良，见图 5.7-4

和图 5.7-5。

图 5.7-4 种植田菁

图 5.7-5 种植向日葵

（2）当土壤条件逐渐成熟后种植刺槐、绒毛白蜡、金银木等耐盐碱植物，经过几年的生长，可以形成景观层次较为丰富的城市园林景观，见图 5.7-6 和

图 5.7-7。

图 5.7-6　耐盐碱植物种植当年效果　　图 5.7-7　耐盐碱植物生长 3 年后的景观效果

　　盐碱地生态复绿的各个步骤分开进行实践都具有较强的可操作性与可预见效果，但要完成这些步骤之间的自然过渡则需要经历若干个植物生长周期，使得土壤逐步改善直至满足植物正常的生长发育需求；还应与竖向规划相结合，形成良好的景观效果。

　　生态复绿有助于减少对客土的过度开采，对连云港市及周边生态环境具有相当重要的意义，并能够形成真正具有地域特色的园林绿化景观。各建设主体应结合各区县实际情况选择适宜的生态复绿方式，鼓励新材料、新技术、新方法的运用。

5.8　智慧园林设计

　　5.8.1　积极推进智慧园林数字化建设，构建完善的数字化管理系统。

　　5.8.2　建设智慧园林平台，试点推广自然环境（空气温度、湿度、风速、风向、降水、地下水和光照等）监测、土壤监测与水质监测子系统，通过布设传感器、视频监控和物联网等监测设备，实时采集大气、土壤、水质等的数据，对气象、土壤状况、病虫害信息、树木生长情况、园区设备运作状态等日常数据进行精细化统一管理，实现智能人文服务、精确灌溉、水盐调控、科学管理、低碳养护。

5.8.3　应将设计数据及时汇入智慧园林平台，形成要素数据档案，集园林智能水盐调控、园林养护管理、园林资产管理、园林巡查管理为一体，实现园林养护精细化、管理可视化、决策智能化。

5.8.4　上行可对接智慧城市平台，利用智慧园林平台的开放性接入安防保卫系统、环卫管理系统、信息化查询系统、智慧导游系统等功能，结合人工智能及时发布信息，或对可能发生的安全事件进行预警。

5.8.5　下行可接入行业相关的配套方案、产品（如感应器、配件）等，可为"全域未来社区""智慧环保"等提供大数据、云计算等服务，并外联各种景观设施、养护管理设备，监控实时状态，调度养护作业，提升运营服务水平。

第6章 盐碱地园林绿化施工与质量控制

从管控的角度出发，以科学表征为基础，尊重自然规律，遵循高碳汇的作用机理，在盐碱地园林绿化建设和养护管理过程中降低能源消耗、合理控制碳排放，达到"低维护"的目标，寻求碳平衡。

6.1 施工前准备

6.1.1 施工单位应依据合同约定，按照有关部门批准的文件和施工图，对盐碱地园林绿化工程进行施工和管理，并符合下列规定。

（1）施工单位及人员应具备相应的资格、资质。

（2）施工单位应建立技术、质量、安全生产、文明施工等各项规章管理制度。

（3）施工单位应根据工程类别、规模、技术复杂程度，配备满足施工需要的常规检测设备和工具。

6.1.2 施工前，建设单位应组织设计单位向施工、监理单位做好设计交底，尤其是关于盐碱地改良利用的设计理念和方案措施交底。

6.1.3 施工单位应熟悉图纸，掌握设计意图与要求，并符合下列规定。

（1）施工单位应实地踏勘核对图纸，如有疑问应提出书面建议，如需变更设计，应按照相应程序报审，经相关单位签证后实施。

（2）施工单位应编制施工组织设计（施工方案），施工方案应在工程开工前完成并与开工申请报告一并报予建设单位和监理单位。其通常应包括以下内容：

1）工程概况；

2）施工现场平面布置情况；

3）施工组织情况；

4）施工程序和施工工艺；

5）施工进度计划及工期保证措施；

6）施工质量保证体系和措施；

7）新技术、新工艺的应用情况；

8）人工、机具设备情况，冬、雨季施工注意事项，各工序协调方案，文明施工、环境保护和现场维护措施等；

9）安全施工措施。

6.1.4　编制施工组织设计方案或施工方案时，应考虑施工中影响进度和工期的因素，避免施工过程中产生土壤的次生盐渍化。

6.1.5　施工单位进场后，应组织施工人员熟悉工程合同及与工程项目有关的技术标准；通过现场勘察了解现场的周边情况、施工条件、地上地下障碍物、管网、地形地貌、土质、控制桩点设置情况、红线范围、堆料场地、生活设施位置及现场水源、水质、电源、交通情况，并配合市政、电信等部门办理相关手续。

6.1.6　施工测量应符合下列要求。

（1）按照园林绿化工程总平面图或根据建设单位提供的现场高程控制点及坐标控制点，建立工程测量控制网。

（2）各个单位的工程应根据建立的工程测量控制网进行测量放线。

（3）施工测量时，施工单位应进行自检、互检双复核，监理单位应进行复测。

（4）对原高程控制点及控制坐标应设保护措施。

6.1.7　根据设计要求，进行植物材料选定，植物的选定应符合《园林绿化木本苗》（CJ/T 24—2018）的规定。

6.1.8　盐碱地园林绿化工程一般同市政、土建工程配合施工，重点关注排盐（水）设施与其他管线之间的施工时序与高程关系；在穿插施工时，应采取措施，确保工程质量。

6.2　基础施工与质量控制

6.2.1　场地清理

（1）应进行原土调查，破除绿化场地内的不透水层，必须将不利于植物生长的各种废弃物和有害污染物清除干净或进行深埋处理。

（2）场地清理程度应符合设计和种植要求。如有坑塘积水，须先排除积水后平整场地，保证填垫范围内无坑洼、积水；应处理完软泥和不透水层；应了解地下水情况。

（3）对于杂草密集的地块，应及时除草。

（4）应捡拾干净客土内的芦根等杂草根系。

6.2.2　地基处理

（1）根据批准的用地红线进行测量，清除场地内的废弃物后，按照设计断面开挖槽基，绿化基底须清理、整平、夯实，整平偏差不超过 ±20 mm，必要时视土质情况预留 10~30 cm 沉降量。

（2）若开挖过程中出现淤泥，淤泥厚度不足 1 m 时，应将场地内积水排出后回填碎石或渣土并夯实，必要时进行钹灰处理（注意环保降尘），地基表层 1 m 土体压实系数宜不小于 85%；淤泥厚度深达数米时，结合项目建设标准与实际情况，在不扰动现场的情况下铺设竹笆，保证一定的地基承载力。

（3）填海区域的景观工程宜进行地基处理或其他工程措施，保证基底压实系数。

6.3　主体施工与质量控制

盐碱地园林绿化工程主体阶段的主要分项工程包括隔排盐（水）工程和土方工程两部分。

6.3.1　隔排盐（水）工程

隔排盐（水）工程包括放线开槽、排盐（水）管道铺设及设施设置、隔淋层的铺设等内容（根据项目实际情况，分项有增减）。

6.3.1.1　放线开槽。

（1）开槽范围、槽底高程、管沟的间距应符合设计要求，槽底必须高于地下水位或设计高水位。

（2）槽底通常不得有淤泥、软土层，不得有"弹簧"现象，应找平和适度轧实，通常槽底压实系数≥85%。如遇大面积淤泥或软土层，应及时与建设方、设计方协商解决办法。

（3）槽底应找平和适度轧实，槽底标高和平整度允许偏差应符合表6.3-1的规定。

表 6.3-1 排盐系统允许偏差

序号	项目		尺寸要求 /cm	允许偏差 /cm	检查数量		检查方法
					范围	点数	
1	槽底	槽底高程	设计要求	±2	1 000 m²	5~10	测量
		槽底平整度	设计要求	±3		5~10	
2	排盐管	每 100 m 坡度	设计要求	≤1	200 m	5	测量
		水平移位	设计要求	±3	200 m	3	量测
		集水管底至沟底距离	12	±2	200 m	3	量测
3	隔淋层	厚度	16~30	±2	1 000 m²	5~10	量测
			11~15	±1.5			
			≤10	±1			
4	检查井	排盐管入井管底标高	设计要求	0~5	每座	3	测量、量测
		排盐管底至检查井底的距离		±2			
		井盖标高		±2			

6.3.1.2 排盐（水）管道铺设及设施设置。

（1）排盐（水）管铺设走向、长度、间距及过路管的处理应符合设计要求。排盐集水管（渗水管）坡向排盐检查井或其他集水井的排盐集水管坡降宜为0.1%~0.3%，排盐汇水管坡降宜为0.05%~0.1%；在地形平坦地区，管道首末端的埋深差值不宜大于0.4 m。集水管及汇水管选材应形状规整、壁厚均匀、管体平直和满足安全荷载的强度要求，附有产品检验报告。管材的规格、性能符合设计、使用功能要求及现行有关标准的规定。管材有出厂合格证。

（2）排盐集水管弯曲半径不小于 600 mm，起始端用管堵封堵，末端入井处管口需伸出壁面 50 mm，并用无纺布包扎牢固。

（3）安装排盐（水）管道之前，应将槽底清理平整，管沟的坡降要均匀，符合设计排水坡向；在铺设管道前应先铺设垫层。

（4）注意排盐（水）管道的成品保护，严禁碾压盲管，必要时做通水实验。

（5）检查井内应预留 30~50 cm 的沉沙深度。

（6）排盐（水）管应通顺有效，集水管、汇水管必须与外界市政雨水管网或排沥水体连通，终端管底标高应高于管中高程 15 cm 以上或高于排沥水体常水位 30 cm 以上。

（7）排盐（水）沟断面和填埋材料应符合设计要求。

6.3.1.3　隔淋层的铺设。

（1）根据设计要求的材料和厚度铺设隔淋层，要求材料的粒径均匀、厚度一致、表面平整。

（2）铺设隔淋（渗水）层时，不得损坏排盐（渗水）管。

（3）隔淋层的厚度应符合设计要求，最低高程不得低于地下水位或设计最高水位。

（4）控制要点如下。

1）隔淋层的材料及铺设厚度应符合设计要求；

2）铺设隔淋层时，不得损坏排盐管；

3）隔淋层材料中，石屑淋层中的石粉和泥土含量不得超过 10%，其他淋层材料中也不得掺杂黏土、石灰等黏结物；

4）隔淋（渗水）层铺设厚度允许偏差应符合表 6.3-1 的要求；

5）隔淋层必须在设计最高水位以上；

6）隔淋层铺设完工后，雨后检查积水情况，保证雨后 24 小时无积水现象，否则应增设排盐管或检查井将雨水顺利排出；

7）各项允许偏差应符合表 6.3-1 的要求。

6.3.2　土方工程

6.3.2.1　种植前应对土壤的理化性质、地下水矿化度进行化验分析，根据分析结果及地下水埋深等因素复核土壤改良利用设计方案，并采取相应措施。

6.3.2.2　不同种植基质改良要求如下。

（1）原土改良要求如下。

1）选择适宜的场地，对用于园林绿化种植的原土进行充分翻晒、熟化；如使用其他种植基质，应按设计配比及要求掺拌均匀，保证良好的保肥、保水的物理结构。

2）科学配置改良肥料，使其满足植物的生长发育需求。

（2）客土改良要求如下。

1）更换客土或改良后的原土作为种植土应符合本导则 3.2 的要求。

2）客土必须见证采样，土壤采样送样及检测方法应符合现行行业标准《绿化种植土壤》（CJ/T 340—2016）的有关规定。客土经有资质的检测单位检测，达到设计标准才允许进场，进土过程中要随时观察采土点和采土深度是否与确认的一致、运土环节控制是否严密；观察土壤是否含有有害成分。

3）回填后的种植土需定点采样送检。

6.3.2.3　绿化植物生长所必需的最低种植土层厚度应符合表 3.2-1 的要求。

6.3.2.4　土方回填时采用从一侧倒压的方式进行，避免破坏隔淋层。

6.3.2.5　新填土方地段应透水压实后再整地。

6.3.2.6　绿地应按设计要求构筑地形。回填客土时应考虑土壤的沉降因素（松铺系数、地基沉降量等），竣工验收和项目移交时标高均应符合设计要求。地形施工后应表面平整，坡度自然，不应出现陡坡，透水压实不少于 2 次。如设计无要求者，草坪地的铺栽面应平整略有坡度，其坡度宜为 0.3%~0.5%。

6.3.2.7　地形构筑要点如下。

（1）地形造型前进行测量放线。

（2）地形造型胎土、种植土应符合设计要求。

（3）回填土及地形造型处应适度压实，自然沉降基本稳定，严禁用机械反复碾压。对于坡度较大的（一般超过 20°），要增加压实密度，防止自然滑坡。地形起伏自然顺畅。

（4）坡脚或地形造型之间的低点能够保证雨季正常排水。

（5）地形造型应留够自然沉降量，保障竣工验收、交付使用及设计使用年限内均满足设计要求的高程。

（6）地形的高点位置应与设计图纸中的高点一致。

（7）大面积土方回填应注意找好排水坡度。

6.3.2.8　草坪、花卉应在初平的基础上进行精细整地，翻土深度宜为25~30 cm；对土地搂平耙细，去除杂物，播种时土块粒径应小于1 cm。

6.3.2.9　坡度较大、土质松散的地段，应采取压实、护坡等水土保持措施。

6.3.2.10　土方验收通常要求在2次透水自然沉降后进行。

6.4　种植施工与质量控制

种植工程的主要分项工程包括植物材料的选择、种植前的苗木修剪、种植槽（穴）的挖掘和施肥、植物种植、施工期的植物养护和管理等。

施工组织设计时，应根据树木习性及种植地树木物候期选择适宜的种植时期，遵照设计方案进行栽植。

6.4.1　种植时期

6.4.1.1　春季种植：应在土壤解冻后树木发芽以前进行。

6.4.1.2　雨季种植：常绿树种植应在春梢停止生长后、秋梢开始生长前进行。

6.4.1.3　秋季植树应在秋梢停止生长后进入休眠期、土壤封冻前进行。

6.4.1.4　宜在阴雨天或傍晚进苗种植。

6.4.2　植物材料的选择

6.4.2.1　园林植物材料必须生长健壮、枝叶繁茂、冠形完整、色泽正常、根系发达，无病虫害、无机械损伤、无冻害，规格及形态符合设计要求。

6.4.2.2　苗木宜经过移植和培育，不宜采用未经培育的野地苗、山地苗。从市外购入的植物材料必须有检疫证书，并加强现场验苗，按进场批次填写苗木、种子进场报验表。

6.4.3　种植前的苗木修剪

6.4.3.1　盐碱地苗木修剪的原则：当年栽植的苗木，应以提高苗木成活率为目的进行修剪。

6.4.3.2　栽植成活后的苗木，应以发挥最大绿化效果为目的进行修剪。

6.4.3.3　剪口 ≥ 2 cm 的应涂保护剂。

6.4.3.4　种植前应进行苗木根系修剪，将劈裂根、病虫根、过长根剪除，并对树冠进行修剪，保持树体地上地下平衡。

6.4.3.5　盐碱地上种植的苗木应适当提高修剪强度。

6.4.3.6　乔木修剪应符合下列规定。

（1）落叶乔木苗（包括行道树）在种植的第一年应在保持自然树形基础上，于分枝点以上进行短截，并疏除枝条 1/4~1/3。树木成活后每年可视其习性、生长状况，按设计要求进行常规修剪。

（2）常绿针叶树不应强剪，只剪除病虫枝、枯死枝、弱枝、过密枝、下垂枝，必要时可疏除 1/4~1/3 侧枝。

（3）珍贵树种树冠宜做少量疏剪。

（4）高大乔木必须在种植前进行修剪。

6.4.3.7　灌木及藤蔓类修剪应符合下列规定。

（1）灌木应在保留主要分枝基础上进行短截、回缩和疏枝。但带土球或带宿土裸根的灌木及上年花芽分化的花灌木不宜修剪，只剪除枯枝、病虫枝。

（2）枝条茂密的大灌木可适量疏枝。

（3）分枝明显、新枝着生花芽的小灌木应顺其树势适当强剪，促生新枝，更新老枝。

（4）嫁接灌木应剪除砧木萌生条。

（5）绿篱灌木第一年应强剪，成活后根据生长状况和设计要求整形修剪。

（6）藤蔓类应短截至 0.5~1 m，保留 1~3 条主蔓，其余疏除。

6.4.3.8　苗木修剪的剪口距留芽位置 1 cm，不得劈裂，不留毛茬，修剪直径 2 cm 以上大枝及粗根时，截口削平，并涂防腐剂。枝条短截应保留外向芽。

6.4.3.9 非生长季节移植的落叶树木，根据不同树种在保持树形前提下应重剪，可剪去枝条的 1/3~1/2，以保成活。

6.4.3.10 修剪下的枝叶经粉碎及堆置腐熟后，可施入种植地或覆盖种植穴（槽）。

6.4.4 种植穴（槽）的挖掘和施肥

6.4.4.1 种植穴（槽）直径应大于土球或裸根苗根系展幅 40~60 cm，不符合规定的应进行修整。

6.4.4.2 挖种植穴（槽）应垂直下挖，表土与底土分别放置。

6.4.4.3 种植地严禁有不透水层。种植穴（槽）底部遇有不透水层及重黏土层时，必须采取排水措施，达到通透。

6.4.4.4 种植地及种植穴（槽）应施足腐熟有机肥，将肥料与种植土拌匀，再覆素土 10~20 cm 厚。

6.4.4.5 名贵树木种植应根据其习性，采取特殊的改土措施。

6.4.4.6 开挖种植穴（槽）时，如遇有灰土、石砾、有机污染物、黏性土等，或土壤坚实度大且渗透系数小于 1×10^{-4} cm/s 时，应采取扩大树穴、疏松土壤、增设透气追肥管等措施，见图 6.4-1 和图 6.4-2。

图 6.4-1 种植穴大于土球尺寸的情况   图 6.4-2 增设透气追肥管

6.4.4.7 土层干燥地段应于种植前 2~3 天浸穴。

6.4.4.8 施肥改良的控制要点如下。

（1）盐碱地栽植时，基肥应以腐熟的有机肥为主，并配施适量磷肥。

（2）盐碱地绿化栽植施工当年不宜追肥。

（3）不建议施用含有氯离子的化肥。

（4）春、秋季施肥应避开返盐高峰期。

（5）应严格控制施肥时间和施肥量。树木休眠期可施腐熟的有机肥和缓效肥；植物生长期宜施速效肥和长效棒肥。

（6）用于土壤改良的改良剂和商品肥料应有产品合格证。土壤改良剂的品种、规格、配比应符合设计要求。

（7）改良剂及有机肥等各种改良材料应按设计要求均匀足量施用。

（8）有机肥应充分腐熟：外观颜色为褐色或灰褐色，粒状或粉状，均匀，无恶臭，无机械杂质。有机肥的技术要求、包装、运输和贮存参照《有机肥料》（NY/T 525—2021）执行。

6.4.5　植物种植

6.4.5.1　树木种植。

（1）树木种植应符合下列要求。

1）种植的树木品种、规格、位置应符合设计要求。将植物植入种植穴前，应检查种植穴大小及深度，不符合根系要求的，应修整种植穴。

2）带土球苗木上的不易腐烂的包装物必须拆除（可降解材质除外），见图6.4-3和图6.4-4。

图6.4-3　应拆除的塑料网包装

图6.4-4　应拆除的普通无纺布包装

3）种植裸根苗木，苗木根系必须舒展，填土应分层踏实。种植的深度应和原根径土痕线持平。种植的树木应保持直立，不得倾斜。

4）规则式种植应保持平衡对称，行道树或行列种植的树木应在一条线上，相邻植株规格近似，树木种植后应保持直立，树型丰满面迎着主要观赏方向。

5）绿篱的株行距应均匀，株型丰满面应向外，高度一致。植物群植时应由中心向外顺序种植，并留出养护通道。不同色彩的植物群植时宜分区分块进行。

6）种植珍贵树种应采取树冠喷雾、树干保湿和树根喷布生根激素等措施。

7）竹类种植应选择背风向阳且土层深厚、肥沃、疏松、排水良好的适宜环境。散生竹宜选一二年生、健壮无病虫害、分枝低、枝繁叶茂、鞭色鲜黄、鞭芽饱满、根鞭健全、无开花枝的成丛带鞭挖掘的母竹，留枝 4~5 盘；丛生竹应选择竿基芽眼肥大充实、须根发达的 1~2 年生竹丛。母竹应大小适中，大竿竹干径宜为 3~5 cm；小竿竹胸径宜为 2~3 cm，竿基应有健芽 4~5 个，鞭蔸应多留宿土。种植时，保持鞭根舒展，竹蔸底部不得有空隙。截竿移蔸种植，必须在春季发箨前进行，自基部离地面 10~20 cm 处截竿。

8）高大、易倒的乔灌木、常绿树种植后均应进行支撑。支撑方式可采用单支柱法、三点拉线法（三角支撑法）、双支柱法等方式。其中，三点拉线法仅适用于基本无人员活动的绿地。

支柱材料应统一，支撑方式应规范，支撑方向及高度要统一整齐；着力点与树干接触处应铺垫软质材料。每年应对支柱进行一次全面检查，对破损的或绑扎过紧的应及时修复或重绑。攀缘植物根据生长需要进行绑扎或牵引。

新植树木成活 3 年后可去除支柱，大风区域可视实际情况保留支柱。风后应及时扶正苗木，加固支撑物，修剪被损坏的树冠，清理残枝。

（2）树木浇水应符合下列规定。

1）树木种植后，应在种植穴周围围堰踏实。坡地应筑鱼鳞坑式水堰。

2）栽后当日应浇透第 1 遍水，3 d 内浇第 2 遍水，10~15 d 浇第 3 遍水，然后及时封穴。以后根据天气情况及墒情及时补水。

3）浇水忌水流过急，防止跑冒。穴土沉陷、树木倾斜时，应及时扶正培土。

6.4.5.2　草坪及地被、花卉种植。

（1）种植前应先浇水浸地，浸水深度应达 10 cm 以上，并将表层种植土搂细耙平，不得出现坑洼积水现象。

（2）播种前宜用等量沙土与种子拌匀进行撒播，播种后应均匀覆细土0.3~0.5 cm 厚并轻压。

（3）地被、花卉的栽植深度应适当，根部土壤应压实，花苗不得沾泥污。

（4）种植后应平整地面，适度压实，立即浇水。

6.4.5.3 水生植物种植。

水生花卉应根据不同种类、品种习性进行种植。为满足水深的要求，可砌筑种植槽或将缸盆架设于水中，种植时应将植物牢固地埋入泥中，防止浮起；对漂浮类水生花卉，可从产地捞起移入水面，任其漂浮繁殖。

控制要点如下。

（1）种植槽的材料、结构、防渗应符合设计要求；种植槽有防渗要求的，采用的防渗材料和施工工艺应符合设计要求或相关标准规定。

（2）种植槽的土层厚度应符合设计要求，无要求时种植土层厚度应不小于 50 cm。原有水系矿化度不高的轻度盐碱土宜以原有淤泥作为种植基质；新水系应更换种植基质，土壤不良时更换种植土，使用的种植土和肥料不得污染水源。当设计无具体要求时，应选择黏性较高的淤泥或水稻土，不可使用土质过轻的培养土。

（3）回填的土壤和栽培基质不宜含有污染水质的成分，增施肥料时应注意不能造成水质污染。回填种植泥坡面坡度须控制在 20° 以下。

（4）养护管理植保工程宜采用生物防治方法，在饮用水源水域实施防治措施时，严禁使用化学农药。

（5）水生植物的品种、规格、种植密度必须符合设计要求。

（6）主要水生植物的种植水深应满足最适水深，必须保证湿生类、浮水类、挺水类、沉水类植物对适生水深的要求；对于湿生植物，保持土壤湿润，稍呈积水状态；浮水植物适宜的水位高低须依茎梗长短调整，使叶浮于水面呈自然状态为佳；对于挺水植物，须保持相应水深，使茎叶挺出水面；沉水植物所在水的高度必须超过植株，使其茎叶自然伸展。

（7）盐碱地区常用水生、湿生植物的参考耐盐能力见表 6.4-1。

（8）种植范围应符合设计要求，点景种植配置合理。

（9）水生、湿生植物种植后应控制水位，严防植物浸泡而窒息死亡。

（10）工艺湿地应结合出水水质选择适合的植物品种。

表 6.4-1　盐碱地区常用水生、湿生植物的参考耐盐能力

序号	中文名	类别	耐盐能力 /（g/L）
1	荷花	挺水类植物	0~10
2	睡莲	浮水植物	0~6
3	菖蒲	湿生类植物	0~10
4	千屈菜	湿生类植物	0~10
5	凤眼莲	漂浮植物	0~5
6	芡实	浮水植物	0~5
7	水葱	挺水植物	0~10
8	慈菇	挺水植物	0~10
9	荇菜	漂浮植物	0~4
10	香蒲	挺水植物	0~4
11	芦苇	挺水植物	0~15
12	碱蓬	湿生植物	0.3~25
13	蓖齿眼子菜	沉水植物	0~8
14	菹草	沉水植物	0~5.3
15	苦草	沉水植物	0~4
16	小茨藻	沉水植物	0~15
17	川蔓藻	沉水植物	0~10
18	狐尾藻	沉水植物	0~10
19	金鱼藻	沉水植物	0~6

6.4.5.4　其他。

园林绿化的常规施工与质量控制参照《园林绿化施工及验收规范》(CJJ 82—2012)执行。

6.4.6　施工期的植物养护和管理

种植植物后，应编制养护管理计划，计划包括以下内容。

6.4.6.1　灌水要求如下。

（1）应建设完善的蓄水、排水体系，保障后期水盐调控效果。

（2）根据苗木品种的生物学特性、土壤墒情及水盐运行规律适时灌溉，每次灌水应浇透。

（3）春、秋二季返盐高峰期应灌透水。

（4）必须浇透返青水和封冻水，浇封冻水后应及时封穴。

（5）降雨期应利用设施蓄存雨水，其用于灌溉、洗盐，之后及时利用排水、排盐设施排除渍、涝情况。

6.4.6.2　中耕除草要求如下。

（1）新植绿地应及时中耕除草，对裸露地面应及时进行地表锄划。

（2）中耕松土应注意保护树木根系和水平隔离设施，中耕深度宜为5~10 cm。

（3）应及时清除绿地中的杂草，树下的土壤应保持疏松。

（4）除下的杂草经剪碎及堆置腐熟后，可施入栽植地。

6.4.6.3　病虫害防治要求如下。

植物种植后，应根据植物特性，及时对其进行病虫害的防治。在防治过程中，提倡生物防治，严禁使用对环境和车辆有较强污染性的各类化学杀虫和杀菌药物。杨、柳类树木种植后，必须及时定期喷涂防治腐烂病的药剂。

6.4.6.4　根据植物生长情况及时施肥。

6.4.6.5　适时修剪树木及草坪，对新栽落叶乔木应及时剥芽、去蘖、疏枝。

6.4.6.6　植物生长不良、枯死、损坏、丢失，应及时更换或补植。

6.4.6.7　养护期间所用肥、水等应符合设计规定。用于更换及补植的植物材料规格应和原植株一致。

6.4.6.8　防止人为损坏和牲畜践踏、啃咬植物。

6.4.6.9　保持绿地整洁，其上不得有枯枝及垃圾杂物等。

6.4.6.10　做好防寒越冬工作，见图 6.4-5 和图 6.4-6。

图 6.4-5　树木防寒风障

图 6.4-6　绿篱防寒风障

6.5　给水系统施工与质量控制

6.5.1　水质与水源

盐碱地园林绿化水质与水源应满足本导则 5.6.1 的要求。

6.5.2　工程技术要求

（1）给水管材的壁厚及物理机械性能应符合《给水用硬聚氯乙烯（PCV-U）管材》（GB/T 10002.1—2023）的要求。给水管道坡向泄水阀门井，绿地中管顶埋深 400~500 mm，穿越承载路面时管顶埋深 ≥ 700 mm，浇灌井箱井盖露出地表。管道安装之前应将槽底清理平整，槽底宽度不应小于管外径加 0.5 m，根据设计要求做好基础垫层并予夯实压平。给水管道处理见图 6.5-1~ 图 6.5-3。

图 6.5-1　给水管道及垫层布设

图 6.5-2　给水管管顶埋深

图 6.5-3　给水管道回填保护

（2）管道在其他管道上部跨越时，管底与下面管道顶部的距离不应小于 0.2 m，并进行地基处理。

（3）在管道试压前，管道两侧及管顶以上回填土高度不应小于 0.5 m。管道连接处 0.2 m 范围内不回填。

（4）管道安装完毕后必须做水压试验，试验水压为 0.6 MPa，两小时水压损失不超过 0.02 MPa 即为合格。

6.6 质量控制与验收

6.6.1 质量验收应按检验批、分项工程、分部（子分部）工程按顺序进行验收，分部（子分部）工程、分项工程划分可按表 6.6-1 的规定执行；质量验收记录应符合现行行业标准《园林绿化工程施工及验收规范》（CJJ 82—2012）附录 C 的有关规定。

表 6.6-1 分部（子分部）工程、分项工程划分

分部（子分部）工程		分项工程
种植基础	种植前土壤处理	种植前场地处理、种植土回填及地形造型、种植土改良、施肥和表层整理
	暗管排盐工程	盲沟、管沟、隔淋（渗水）层开槽，排盐（水）管铺设，隔淋（渗水）层铺设

6.6.2 工程物资进场时应做检查验收和检查记录。

6.6.3 施工质量检验应按照设计要求对隐蔽工程部位和土壤改良进行跟踪检查，并应符合下列规定。

（1）隐蔽工程的验收内容主要包括排盐暗管的间距、坡度、管口高程，井口衔接方式，隔淋层的厚度，检查井或集水井的做法与高程等，并应符合现行行业标准《园林绿化工程施工及验收规范》（CJJ 82—2012）的有关规定。

（2）土壤改良指标的检测应符合表 3.2-2 的有关规定。

6.6.4 在适宜季节内栽植苗木，苗木成活率应大于 95%。

6.6.5 苗源地与种植点土壤的全盐量差异应低于 0.2%。

6.6.6 质量验收的程序和组织应符合现行行业标准《园林绿化工程施工及验收规范》（CJJ 82—2012）的有关规定。

第7章 盐碱地园林绿化养护管理

受周边盐渍环境制约，综合考虑工程技术的经济可行性，滨海盐碱地园林绿化种植土改良深度大多在1m左右，园林植物营养空间十分有限，须采取适宜的调控措施保证满足园林植物生长对水、肥的需求，防止土壤次生盐渍化。

7.1 一般规定

工程完工后，应定期对绿化工程进行检查，并应符合下列规定。

7.1.1 绿化日常养护管理应到位，苗木死亡的应及时补植，树木成活率应达95%以上，各类植物凡种植一年以上的，其保存率应达到98%以上，因自然灾害或环境污染等原因而死亡的除外。花木茂盛，基本无缺株断垄、无病虫害，环境生态效益良好。

7.1.2 对苗木的死亡原因进行分析，并及时采取有效应对措施。

7.1.3 对不能及时更换苗木的树穴，应采用炉渣、锯末、秸秆等颗粒物进行覆盖，不应裸露地面。

7.1.4 建立健全园林绿化种植、养护协同机制，及时迁移现状过密的乔、灌木，移出的苗木可就近利用于其他新建或改建项目。

7.1.5 绿地内应保持清洁，无卫生死角，环境整洁舒适。

7.2 绿地质量动态监测及评价

7.2.1 盐碱地绿化养护应建立绿地质量动态监测制度。绿地质量动态监测包括日常监测和长期定位监测两种方式，监测内容主要包括绿地土壤质量、绿地植物生长状况、排盐（水）设施运行状况等。

7.2.2 绿化养护作业人员负责绿地质量日常监测工作；在日常养护作业中观察记录绿地土壤性状、绿化植物生长状况和相关设施运行情况；发现绿地土壤返盐碱、绿化植物发黄萎蔫、排盐（水）设施堵塞等异常现象时，应及时通知相关管理或技术人员，并迅速采取补救措施。

7.2.3　绿化养护管理或技术人员负责绿地质量长期定位监测工作，建立绿地质量长期定位监测样地，定期调查、分析样地土壤、植物、排盐（水）设施，编写监测技术报告，指导绿地养护工作。

7.2.4　根据绿地类型、绿地面积、绿地区域分布、绿化植物种类、盐碱地绿化技术类型等合理布置绿地质量长期定位监测样地和排盐（水）井。布置的样地应具有代表性，每个样地面积为 200~2 000 m²，在样地四角埋设水泥桩界桩并编号；布置的排盐（水）井（集水井或检查井）一般应位于样地内或样地附近。平均每 10 万 m² 左右设一处监测点，并随绿地的增加和变化进行适度调整。

7.2.5　绿地土壤质量监测：每年秋季绿化植物进入休眠期前或春季植物萌动前开展盐碱地绿地土壤调查；调查分析指标包括土壤全盐量、pH 值、有机质、水解性氮、速效磷、速效钾、容重等。

7.2.6　绿地植物生长监测：每年 9 月、10 月开展绿地植物生长调查，调查乔木和灌木的树龄、胸径或地径、树高、冠幅、生长势、保存率等指标。

7.2.7　绿地排盐（水）设施运行监测：每年 4 月至 10 月开展绿地排盐（水）设施调查，调查暗管排盐（水）系统运行是否正常，并取暗管流出水测定水质矿化度和 pH 值，每月调查一次。

7.2.8　数据分析和异常处理如下。

7.2.8.1　数据分析。对监测数据建立台账，并进行相关分析，对数据进行横向比较分析，以了解连云港市盐碱地植物的生长情况，与历年结果对照判断相应区域的土质发展趋势。

7.2.8.2　异常处理。当土壤监测数据的 pH 值＞ 8.3 或全盐量＞ 3.0 g/kg 时，要及时分析异常产生的原因，根据分析结果采取施用有机肥、盐碱土改良肥，大量灌水或局部换土等措施，使土壤满足植物生长的需要，防治土壤次生盐渍化的发生、发展。

7.2.9　绿化养护管理或技术人员应及时分析绿地质量长期定位监测数据，编写绿地土壤、植物、排盐设施监测技术报告，制定绿地养护技术措施和方案，指导绿地养护作业，提高绿地精细化管护水平。

7.3 绿地水肥盐管理

7.3.1 灌溉与排水

7.3.1.1 根据气候、环境特点、水盐运移规律、土壤墒情、植物生长和需水规律等进行绿地水分管理，土壤水分不能满足植物生理生长需求时及时灌溉，每次灌水应浇透；雨季注意及时排涝。

7.3.1.2 根据绿地所处的位置和功能，按有关规定合理选择淡水、再生水、雨水、微咸水等灌溉水源；灌溉水源水质矿化度一般不应高于 0.5 g/L，其他水质指标应满足《城市污水再生利用 绿地灌溉水质》（GB/T 25499—2010）的标准要求；灌溉方式宜采用喷灌、微灌等节水灌溉方式，积极推广建设自动节水灌溉设施。

7.3.1.3 春、秋二季返盐高峰期应灌透水压盐。春季植物萌动前及时浇灌返青水，秋季植物进入休眠前及时浇灌封冻水，返青水、封冻水应浇足浇透，并及时封穴。

7.3.1.4 在植物生长期（3 月—11 月），根据绿地土壤墒情变化适时适量浇水，草坪、地被植物持续干旱 3~6 d 宜灌溉一次，乔、灌木持续干旱 5~10 d 宜灌溉一次；在植物生长期，应经常进行林下松土作业，疏松表层土壤保墒，改善土壤透水、透气性。

7.3.1.5 结合海绵城市设计的要求，在有条件的地段在降雨期利用设施蓄存雨水用于灌溉、洗盐。

7.3.1.6 其他相关事宜应符合现行国家标准《节水灌溉工程技术标准》（GB/T 50363—2018）的有关规定。

7.3.2 施肥

7.3.2.1 根据绿地土壤肥力情况和园林植物种类、林龄、长势、生长需求等合理培肥土壤，平衡土壤中各种矿质营养元素的含量，保持绿地土壤肥力和合理结构。

7.3.2.2　绿地土壤肥力水平应符合表 3.3-1 的要求，并随着绿地年龄的增长，土壤肥力水平应逐步提高。

7.3.2.3　绿地土壤培肥宜以植物休眠期基施有机肥为主，可配施适量缓效肥；在植物生长期可根据需要适量追施复合肥。

7.3.2.4　应根据不同肥料的成分与含量，合理配施肥料：绿化乔木一般每 1~3 年基施有机肥 3.0~5.0 千克／棵，每 2~4 年追施复合肥 0.5~1.0 千克／棵；花灌木一般每 1~2 年基施有机肥 2.0~4.0 千克／棵，每 1~3 年追施复合肥 0.2~0.5 千克／棵；草坪、花卉等地被植物根据植物生长需求适时适量施用复合肥。

7.3.2.5　盐碱地绿化栽植施工当年不宜追肥。

7.3.2.6　宜采用穴施、环施或放射沟施等方法施肥，有机肥应充分腐熟后施用。

7.3.2.7　应严格控制施肥时间和施肥量。春、秋季施肥应避开返盐高峰期。

7.3.2.8　不建议施用含有氯离子的化肥。

7.3.3　绿地盐碱管理

7.3.3.1　根据绿地质量动态监测结果及时采取次生盐碱化防控措施，发现表层土壤出现盐斑或碱斑、植物出现盐害症状、土壤全盐量或 pH 值超标、排盐（水）系统出现堵塞等现象应及时采取施用化学改良剂、施用生物改良肥、加大灌溉淋洗水量或疏通排盐（水）系统等措施。

7.3.3.2　春季植物萌发前后和秋季植物休眠前后是土壤返盐较强烈时期，宜适当加大该时期绿地返青水和封冻水的浇灌量，防控土壤返盐或盐分表聚；乔、灌木枝叶积累较多盐尘或灰尘时应采用喷淋方法给树体洗尘降盐。

7.3.3.3　主要路段和重点区域绿地应搭设隔盐设施，严防含盐雪水、残雪进入绿地或飞溅到植物枝叶上；隔盐设施可采用无纺布或玻璃钢等材料，颜色宜选用与时令特征、街道景观相结合的深绿色。

7.4　植物修剪

7.4.1　盐碱地区绿地植物根系生长空间受限，为平衡植物地上与地下部分的生长，协调植物生长与环境的关系，维持植物持续健康生长，充分发挥绿地功能，应对植物进行修剪。

7.4.2　乔灌木应逐年通过修剪控制植株形体与高度，调整树干、树冠、根冠的比例，修剪方法与常规修剪要求基本一致，修剪量宜适当加大，每3~5年可重剪一次。

7.4.3　必要时可进行根系修剪。

7.4.4　可建立园林废弃物处理站，树枝、树皮经破碎、烘干等处理后作为有机覆盖物填充绿地中裸露的种植槽穴；树叶、杂草经粉碎发酵处理后"还肥于林"，增强绿地的固碳功能。

7.5　病虫害防控

7.5.1　贯彻"预防为主，综合防治"的方针。病虫害防治应贯彻"防重于治"的精神，做好宣传教育工作，使人们认识到"保护树木，人人有责"，做好对各种自然灾害的预防工作。

7.5.2　加强植物检验检疫。在调入苗木和花卉时，必须严格遵守有关植物检疫法规和有关规章制度，发现有害生物要及时进行除害处理或销毁，防止新的病虫害传入，从源头上切断外来病虫害的传播途径。

7.5.3　加强病虫害预测、预报和防治工作，有效抑制病虫危害，保证植株健壮，无明显生理性病症。每年应根据病虫害预测预报及病虫害发生情况，制订短期和中长期病虫害防治计划。防治病虫害 5 次以上。

7.5.4　设立专职植保员负责全区植保工作，建立植保网络，密切注意周边地区的病虫害发生情况，预测预报主要病虫害发生趋势和近期动态，以便采取有效措施进行预防与防治，并做好台账记录。

7.5.5　加强观察，局部发生严重病虫害的地区必须对病虫害进行及时治理，以防止病虫害扩大蔓延。发现大面积的病虫害应及时通知周边地区。

7.5.6　加强绿地水肥管理，增强树势；根据病虫害发生规律，及时对病虫采取诱杀、阻止上树、人工捕捉以及剪除网幕、剪除病虫枝等物理防治措施和利用天敌、以菌治虫等生物防治措施；采用化学防治措施时，应选择符合环保要求的无毒或低毒农药。提倡使用生物防治、物理防治和人工清除等多种手段控制病虫害；化学防治要科学使用化学药剂，尽量降低农药对社会和环境的影响。

7.5.7　每年 11 月对树木涂白（涂抹石硫合剂）以防虫防冻。大中型乔木的一般涂白高度为 1.2~1.5 m，小乔木和灌木的一般涂白高度为 1.0 m，同一路段、区域的树木的涂白高度宜保持一致。

7.6　其他养护措施

7.6.1　结合智慧园林管理系统，做好对各种自然灾害的预防工作。

7.6.2　鼓励研发公园风景区、林木病虫害等相关数据的自动报送和入库统计系统。

7.6.3　建立实时更新的绿地苗木可移植、间苗数据库，推动过密苗木的疏移，优化辖区内植物的群落结构。

7.6.4　各类绿地管理单位应结合绿地的设计和实际情况，根据本导则，不断总结经验，开展科学试验，推广新技术，实现科学管理。

7.6.5　未尽事宜参照《江苏省城市园林绿化养护管理规范及分级标准》执行。

第8章　附录

附录 A 连云港市盐碱地园林绿化
现状调研与分析

A.1 连云港市盐碱地园林绿化现状调研

A.1.1 连云港市盐碱地分布与利用

连云港市盐碱地分布见图 A.1-1。

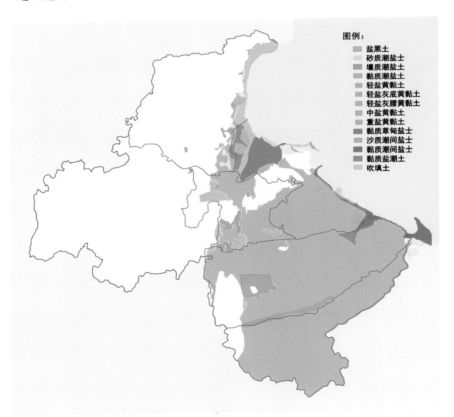

图 A.1-1 连云港市盐碱地分布图（根据第二次全国土壤普查成果改绘）

连云港市涉盐碱土地改良利用平面见图 A.1-2。

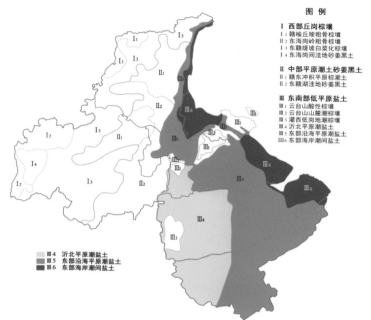

图 A.1-2　连云港市涉盐碱土地改良利用平面图（根据第二次全国土壤普查成果改绘）

A.1.2　现状土壤调研

A.1.2.1　调查对象：江苏省连云港市 6 个区县的典型土壤。

A.1.2.2　调查时间：2022 年 6 月 7 日—2022 年 6 月 9 日。

A.1.2.3　调查目的：结合第二次全国土壤普查中连云港的相关数据，对江苏省连云港市相关盐碱地的不同土壤类型进行分类，进行土壤现状摸底调查，了解绿化土壤基本性状；现场采集土壤样品，并于实验室内进行检测分析。

A.1.2.4　调查分析依据如下。

（1）城镇建设行业标准《绿化种植土壤》（CJ/T 340—2016）；

（2）《森林土壤水溶性盐分分析》（LY/T 1251—1999）；

（3）《森林土壤 pH 值的测定》（LY/T 1239—1999）；

（4）《森林土壤有机质的测定及碳氮比的计算》（LY/T 1237—1999）；

（5）《森林土壤颗粒组成（机械组成）的测定》（LY/T 1225—1999）；

（6）《园林绿化工程盐碱地改良技术标准》（CJJ/T 283—2018）；

（7）《园林绿化工程施工及验收规范》（CJJ 82—2012）；

（8）《城市道路绿化规划与设计规范》（CJJ 75—1997）；

（9）《江苏省连云港市土壤志》（1987.10）；

（10）《江苏省连云港市土种志》（1988.07）；

（11）《江苏省连云港市郊区土壤志》（1985.10）。

A.1.2.5　基本情况介绍如下。

连云港市内地表土壤状况较为复杂，由于海水侵蚀以及雨水冲刷，历史上均覆盖有大面积的盐碱地。经过多年演变，连云港现在既有废弃盐厂盐池、裸露地等的原生地表土壤，又有新吹填区域土壤，同时存在公园、公路绿化带等人工绿地以及农田区域。

根据现场情况，研究人员共布设 31 个土壤采样点位，（具体采样点位置见图 A.1-3、表 A.1-1），取得土壤样品 119 个。所取的 31 个点位，基本覆盖连云港市赣榆区、连云区、海州区、灌云县、灌南县内具有盐碱地代表性的土壤，包括农田类，人工绿地类，吹填土类，盐池、虾池、裸露地类这四大类土壤。四类土壤之间差异比较明显，且四类土壤内每个点位的土壤亦有不同。

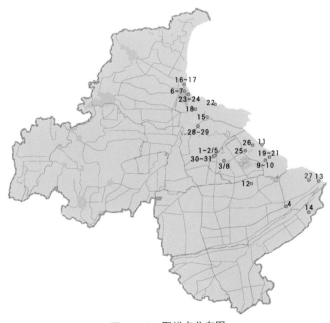

图 A.1-3　取样点分布图

表 A.1-1　取样点分布特征及坐标

编号	区域类型	点位	特征（植被）	经度	纬度
1	农田类	园博园门前原农田	建群种为小飞蓬、叉分蓼；零星分布芦苇、葎草、曲买菜，还有零星自然生长的桑树苗	119.319	34.578
2		园博园门前原农田旱沟（沟深 50 cm）		119.319	34.578
3		徐新路南侧姜庄段农田	人工种植有小麦（已收割）	119.355	34.558
4		灌云县 324 省道旁农田铁塔下	人工种植有小麦，零星生长有车前草	119.629	34.385
5	人工绿地类	园博园项目部临时草坪	人工种植有草坪	119.318	34.577
6		白鹭公园湿地填垫区高点	建群种为芦苇、碱蓬、盐地碱蓬	119.183	34.817
7		白鹭公园湿地填垫区低点	建群种为碱蓬、盐地碱蓬	119.183	34.817
8		徐新路南农田防护绿带	建群种为芦苇、野燕麦、叉分蓼，零星分布黑麦草、刺儿菜、抱茎苦荬菜、野胡萝卜等	119.356	34.558
9		徐圩新区方洋之家提升泵站东南中科院试验地乔木区	人工种植有旱柳、观赏草	119.539	34.558
10		徐圩新区方洋之家提升泵站东南中科院试验地灌木区	人工种植有木槿、铺地柏、碱蓬	119.539	34.558
11		徐圩新区港前大道与张圩河路交叉路口路边绿地	建群种为芦苇、艾蒿，零星分布野绿豆、野燕麦、苜蓿等	119.524	34.615
12		灌云县 242 省道西侧绿地	建群种为碱蓬、盐地碱蓬，零星分布罗摩、刺儿菜	119.477	34.471
13		灌云县燕尾港镇纬九路南侧道路绿地	人工种植有金森女贞、石楠	119.773	34.479
14		灌南县新港大道西侧防护绿地	人工种植有国槐	119.731	34.363
15		连云区黄海大道南高压塔下绿带	人工种植有青桐已死亡，生长有野生芦苇	119.282	34.721

编号	区域类型	点位	特征（植被）	经度	纬度
16	吹填土类	琴岛吹填区高点	建种群为灌木地被群落，紫穗槐、小飞蓬、叉分蓼	119.212	34.844
17		琴岛吹填区低点	建群种为小飞蓬、荠菜、叉分蓼，零星分布艾蒿、抱茎苦荬菜、野胡萝卜、罗摩等	119.212	34.844
18		连云区吹填区桥下	无植被	119.229	34.75
19		徐圩新区中科院试验地原始土壤（翻土场）	人工种植有中山杉、龙柏	119.555	34.571
20		徐圩新区中科院试验地原始土壤（翻土场）吹填区	人工种植有木槿	119.555	34.571
21		徐圩新区中科院试验地原始土壤（翻土场）砂型吹填区	无植被	119.555	34.571
22		连云区海边吹填区（砂型）	无植被	119.317	34.768
23	盐池、虾池、裸露地类	赣榆区虾池陇上高点	建群种为碱蓬、盐地碱蓬和芦苇，零星分布罗摩、艾蒿	119.198	34.805
24		赣榆区虾池芦苇地低点	建群种为芦苇、碱蓬、盐地碱蓬	119.198	34.805
25		徐新路东侧裸露地	无植被	119.451	34.596
26		徐圩临海公路与合作路交叉口西侧裸露地	建种群为碱蓬、盐地碱蓬	119.481	34.615
27		灌云县灌西盐场	建群种为碱蓬、盐地碱蓬、芦苇	119.737	34.475
28		连云开发区原台北盐场（盐池内）	无植被	119.242	34.687
29		连云开发区原台北盐场（盐池陇上，高差 80 cm）	建种群为盐地碱蓬、芦苇	119.241	34.687
30		园博园湖边泥	暂无植被	119.313	34.576
31		园博园湖边泥翻晒区	暂无植被	119.312	34.577

进行实验室土壤分析，主要从土壤全盐量、土壤 pH 值及土壤有机质含量 3 个方面进行检测分析。

（1）农田类土壤调查分析如表 A.1-2。

表 A.1-2 农田类土壤主要指标检测结果

编号	点位	土层深度 / cm	全盐量 / (g/kg)	pH 值	有机质含量 / (g/kg)
1	园博园门前原农田	0~20	0.585	8.00	20.3
		20~40	0.672	8.06	
		40~60	0.867	8.22	
		60~80	0.97	8.16	
2	园博园门前原农田旱沟 （沟深 50 cm）	0~20	1.73	8.10	12.6
		20~40	1.41	8.33	
3	徐新路南侧姜庄段农田	0~20	8.10	7.65	15.1
		20~40	2.59	7.96	
		40~60	1.51	8.25	
		60~80	1.57	8.32	
		80~100	1.77	8.24	
4	灌云县 324 省道旁农田铁塔下	0~20	0.592	8.09	11.9
		20~40	0.555	8.07	
		40~60	0.640	8.18	
		60~80	0.841	8.25	
		80~100	0.771	7.93	

该区域样品主要来自连云港海州区、连云区、灌云县等地的农田、麦田内。现场调查发现，农田建群种为小飞蓬、叉分蓼，零星分布芦苇、葎草、曲买菜；麦田主要为人工种植的小麦等农作物。

表 A.1-2 显示的是连云港农田类土壤主要指标检测结果。4 个点位的土壤在不同的土层内，土壤均偏碱性。土壤 pH 值多低于我国城镇建设行业标准《绿化种植土壤》（CJ/T 340—2016）中对于绿化种植土壤 pH 值规定的上限 8.30，仅园博园门前原农田旱沟 20~40 cm 土层及徐新路南侧姜庄段农田 60~80 cm 土层的 pH 值略微超限。

对于 4 个点位的土壤全盐量，要特别注意 3 号点位表层 0~20 cm 厚的土壤，其全盐量已达 8.10 g/kg，这个程度的盐含量已严重危害到农作物的正常生长。

3 号点位表层土壤出现异常的状况极有可能是由于土壤返盐返碱造成的。

同时，就有机质含量来看，4 个点位的数据均符合《绿化种植土壤》（CJ/T 340—2016）中要求的下限，且由于农田特有的人为耕作、施肥、秸秆还田等影响，农田类区域的有机质含量平均略高于其他 3 个区域的有机质含量。

（2）人工绿地类土壤调查分析如表 A.1-3。

表 A.1-3　人工绿地类土壤主要指标检测结果

序号	点位	土层深度 / cm	全盐量 / (g/kg)	pH 值	有机质含量 / (g/kg)
5	园博园项目部临时草坪	0~20	2.01	7.99	20.6
		20~40	1.79	8.33	
6	白鹭公园湿地填垫区高点	0~20	5.77	8.12	8.9
		20~40	5.76	8.16	
		40~60	5.50	8.20	
		60~80	5.55	8.20	
		80~100	8.02	8.21	
7	白鹭公园湿地填垫区低点	0~20	16.0	8.15	8.6
		20~40	10.0	8.10	
		40~60	9.15	8.16	
		60~80	10.2	8.14	
8	徐新路南农田防护绿带	0~20	0.831	8.25	10.9
		20~40	0.966	8.23	
		40~60	1.04	8.43	
		60~80	1.28	8.48	
		80~100	1.68	8.63	
9	徐圩新区方洋之家提升泵站东南中科院试验地乔木区	0~20	3.99	8.48	8.8
		20~40	1.67	8.79	
		40~60	1.75	8.92	
		60~80	1.81	8.86	
		80~100	1.66	8.69	

续表

序号	点位	土层深度 / cm	全盐量 / (g/kg)	pH 值	有机质含量 / (g/kg)
10	徐圩新区方洋之家提升泵站东南中科院试验地灌木区	0~20	8.68	8.17	8.8
		20~40	9.71	8.19	
		40~60	6.21	8.25	
		60~80	6.40	8.30	
		80~100	3.45	8.44	
11	徐圩新区港前大道与张圩河路交叉路口路边绿地	0~20	12.9	8.10	9
		20~40	12.6	8.15	
		40~60	16.2	8.11	
		60~80	15.7	8.07	
		80~100	16.8	8.14	
12	灌云县 242 省道西侧绿地	0~20	0.890	8.14	12.8
		20~40	0.702	8.20	
		40~60	0.705	8.13	
		60~80	0.685	8.21	
		80~100	0.672	8.27	
13	灌云县燕尾港镇纬九路南侧道路绿地	0~20	1.56	8.25	4.8
		20~40	0.920	8.55	
		40~60	1.05	8.55	
		60~80	1.08	8.29	
		80~100	1.19	8.02	
14	灌南县新港大道西侧防护绿地	0~20	0.728	8.14	11.6
		20~40	0.887	8.23	
		40~60	0.884	8.22	
		60~80	0.917	8.24	
		80~100	0.963	8.27	
15	连云区黄海大道南高压塔下绿带	0~20	3.47	7.56	10
		20~40	7.06	7.46	
		40~60	9.84	7.73	
		60~80	10.7	7.72	
		80~100	12.5	7.87	

该区域样品主要来自连云港海州区、连云区、灌云县、灌南县、徐圩新区等地的公园绿地、道路绿带等人工绿地。现场调查发现乔木主要有白蜡、国槐、旱柳等；灌木主要有紫叶李、金叶女贞、紫叶小檗；地被植物主要有观赏草、芦苇、碱蓬等。部分自然衍生地段建群种为芦苇、野燕麦、叉分蓼，零星分布有黑麦草、刺儿菜、抱茎苦荬菜、野胡萝卜等。

表 A.1-3 显示的是连云港人工绿地类土壤主要指标检测结果。11 个点位的土壤在不同的土层内，土壤均偏碱性，大部分点位 pH 值低于 8.30。但亦有部分点位土层土壤的 pH 值超过种植土标准要求，尤以 9 号点位的土壤 pH 值超标严重，该点位为中科院试验地乔木区内，目前乔木尚能忍受高 pH 值的碱性土壤，但如果长时间不能有效降低土壤 pH 值，该区域内的乔木会显现出碱害现象，植株受害或死亡；同时需及时补充有机肥。

11 个点位的土壤全盐量差异较大，绿地内植株长势也不尽相同。这与土壤内全盐量有直接关系。其中 6、7 号点位位于赣榆区白鹭公园植株长势较弱的区域，且 7 号点位地势较低，较低的地势也使得 7 号点位的土壤全盐量明显高于较高的 6 号点位。特别要注意的还有 15 号点位这片人工绿地，现场调查发现植株长势减弱，植物死亡率较高，经土壤检测发现，土壤全盐量超标，且由于土壤黏重、透水性差，随着土壤深度的增加，全盐量逐渐增加，需注意控制土壤的全盐量，必要时需采取增加排盐暗管或排盐沟、隔淋层等措施。

就有机质含量来看，部分点位有机质含量低于《绿化种植土壤》（CJ/T 340—2016）规定的下限 12 g/kg，应适当补充有机肥来进行人工调节，避免造成植株因缺少养分而受害。

（3）吹填土类土壤调查分析结果见表 A.1-4。

该区域样品主要来自连云港赣榆区、连云区、徐圩新区等地的吹填土壤。现场调查发现，琴岛吹填土在经过数年自然雨水淋溶和人为施工影响下，土体全盐量很低，低地自然生长的建种群有小飞蓬、荠菜、叉分蓼，零星分布有艾蒿、抱茎苦荬菜、野胡萝卜、罗摩等地被植物，高地生长有紫穗槐等低矮灌丛；连云区海边多年前的吹填区有自然生长的芦苇、碱蓬；其他吹填土区域几乎无植物覆盖，零星可见少量碱蓬、盐地碱蓬、柽柳。

表 A.1-4　吹填土类土壤主要指标检测结果

序号	点位	土层深度 / cm	全盐量 / (g/kg)	pH 值	有机质含量 / (g/kg)
16	琴岛吹填区高点	0~20	0.286	7.31	1.8
17	琴岛吹填区低点	0~20	0.169	8.07	0.3
18	连云区吹填区桥下	0~20	54.1	7.26	13.5
		20~40	58.3	7.58	
		40~60	65.3	7.47	
		60~80	65.9	7.48	
		80~100	62.5	7.3	
19	徐圩新区中科院试验地原始土壤（翻土场）	0~20	25.0	7.99	9.1
		20~40	26.7	8.1	
		40~60	29.1	8.17	
20	徐圩新区中科院试验地原始土壤（翻土场）吹填区	0~20	44.9	8.02	11.4
		20~40	20.1	8.17	
21	徐圩新区中科院试验地原始土壤（翻土场）砂型吹填区	0~20	29.4	8.48	2.4
		20~40	6.93	8.65	
22	连云区海边吹填区（砂性）	0~20	7.95	8.00	2.0
		20~40	7.19	8.01	
		40~60	5.48	8.04	
		60~80	4.85	8.17	
		80~100	4.64	8.12	

表 A.1-4 显示的是连云港吹填土类土壤主要指标检测结果。7 个点位的土壤在不同的土层内，土壤均偏碱性，且 pH 值大多低于 8.30，但全盐量却大多严重超标，远超一般植物所能承受的上限。尤其是那些土壤质地较为黏重的地区，全盐量甚至达到一般植物耐盐上限的 20 倍以上，此处仅能少量存活一些耐盐植物。而对于那些土壤质地偏壤性或砂性的吹填土，由于其具有良好的透水性，在长时间自然降雨状态下，土壤的盐分含量低于黏性吹填土。良好的透水性也同时造成较严重的返盐现象，造成表层土壤全盐量较高。而较为黏重的吹填区土壤，则因为保水性较好、透水性较差，相对而言返盐现象则没有那么严重，盐分主要集中在深层土壤，不过随着日光暴晒以及土壤水分的流失，最

终依然要面临返盐现象。

就有机质含量来看，大部分点位有机质含量均低于 12 g/kg，土壤质地不同，有机质含量也有差异。例如 18 号、19 号、20 号点位土壤质地较为黏重，保水保肥现象明显，有机质含量较高；其他几个砂性土壤点位有机质流失严重。

（4）盐池、虾池、裸露地类土壤调查分析见表 A.1-5。

表 A.1-5 盐池、虾池、裸露地类土壤主要指标检测结果

序号	点位	土层深度 / cm	全盐量 / (g/kg)	pH 值	有机质含量 / (g/kg)
23	赣榆区虾塘陇上高点	0~20	9.74	8.00	12.0
		20~40	13.8	8.00	
		40~60	14.1	8.08	
24	赣榆区虾塘芦苇地低点	0~20	16.9	7.90	15.2
		20~40	8.22	8.18	
		40~60	10.1	8.14	
25	徐新路东侧裸露地	0~20	24.0	8.02	9.2
		20~40	23.9	8.03	
		40~60	21.0	8.18	
		60~80	25.2	8.03	
		80~100	24.1	8.02	
26	徐圩临海公路与合作路交叉口西侧裸露地	0~20	24.1	8.07	8.3
		20~40	19.8	8.15	
		40~60	22.7	8.12	
		60~80	23.6	8.00	
		80~100	30.0	8.06	
27	灌云县灌西盐场	0~20	40.5	8.25	10.2
		20~40	42.3	8.30	
		40~60	46.9	8.34	
		60~80	47.6	8.30	
		80~100	50.6	8.20	

续表

序号	点位	土层深度 / cm	全盐量 / (g/kg)	pH 值	有机质含量 / (g/kg)
28	连云开发区原台北盐场 （盐池内）	0~20	47.3	7.40	12.2
		20~40	46.5	7.45	
		40~60	51.6	7.36	
		60~80	54.8	7.37	
		80~100	59.1	7.30	
29	连云开发区原台北盐场 （盐池垄上，高差 80 cm）	0~20	18.2	7.67	10.7
		20~40	20.6	7.65	
		40~60	27.7	7.70	
		60~80	31.7	7.67	
		80~100	46.8	7.89	
30	园博园湖边泥	0~20	5.70	8.23	8.1
31	园博园湖边泥翻晒区	0~20	5.98	8.14	14.9

该区域样品主要来自连云港赣榆区、连云区、灌云县、海州区等地的原盐厂盐池及裸露地土壤。现场调查发现：除现状利用为虾塘的田埂上下植被相对丰富，建群种有碱蓬、盐地碱蓬、芦苇，零星分布罗摩、艾蒿外，其他仅高地或经雨水多年淋洗的片区零星生长有耐盐的碱蓬、盐地碱蓬、柽柳、芦苇等植物。

表 A.1-5 显示的是连云港盐池、虾池、裸露地类土壤主要指标检测结果。9 个点位的土壤在不同的土层内土壤均偏碱性，且 pH 值大多低于 8.30，但全盐量处于严重超标的程度。盐池、虾池等的土壤皆为透水性差的黏壤土，园林植物难以适应，此类土壤如没有人为措施影响（如增加排盐设施、改良土壤结构等）进行处理，即使经过长时间的雨水灌溉冲刷，亦难有较明显的改善。其有机质含量也不符合绿化种植土的有机质下限要求，在此基础上直接进行绿化种植的难度较大。

（5）调查总结结果如下。

1）连云港盐碱地土壤情况较为复杂，土壤均一性较差，且由于历史上长期的海水侵蚀、雨水冲刷以及以前长时间的盐厂晒盐工作，造就大面积的盐碱地。目前仍存在部分盐碱裸露地、盐厂盐池荒地等区域，此类区域盐分含量大，土壤养分有机质含量低，土壤质地黏重，不适宜进行原土绿化种植，后期需要人工干预改善土壤结构、降低土壤盐分之后再进行相应的绿化种植。如对绿化时间没有要求，可在2~4年期内对其进行一定的人工改善措施后，依靠自然降水或少量人工补水，试种少量耐盐碱植物进行裸露地的植物覆盖，并适时根据植物栽植成活情况，大面积进行栽植，可实现低成本的绿化覆盖。

2）黏性较重的吹填土盐分含量高，土壤结构差，土壤改良持续时间长，目前不适宜进行绿化种植。其需要结合相应工程措施在较长时间和较高的经济成本下进行盐碱地人工排盐碱改良。砂性吹填土受自然降雨影响下，土壤的盐分含量低于黏性吹填土，但有机质等土壤养分的流失较严重，需要人工补充有机质。

3）农田类、人工绿地类大部分点位土壤全盐量控制在适宜绿化种植的范围内，目测绿化覆盖效果较好，但有机质含量较低，需及时补充。少量点位也会出现植株长势衰弱、死亡率较高的现象，经土壤调查发现，其土壤全盐量均严重超标，且由于土壤黏重，透水性差，随着土壤深度的增加，盐分含量逐渐增加。对此类点位土壤，除了加强日常定期监管外，需进一步调查确定是否有地下水入侵造成盐含量上升等问题，并根据实际情况做出是否增加隔淋层等措施来防止此类问题的加剧。

A.2　连云港市盐碱地园林绿化主要技术

经现场踏勘及调研，连云港市现有的盐土绿化方法主要有客土回（换）填和原土改良两大类。

A.2.1　客土回填

A.2.1.1　轻、中度盐碱土。轻、中度盐碱土区域通常采取抬高地形、回填外来种植土的工程措施，并加强水肥管理，种植耐盐植被。

A.2.1.2　重度盐碱土和盐土。重度盐碱土和盐土区域均铺设隔淋层、盲管（沟）等排盐设施，并更换满足种植条件的客土进行园林绿化。目前，连云开发区绿地建设主要采用此项技术，典型案例如创智绿园、白鹭湿地公园、东香湖商业西街滨湖公园等。

（1）浅密式暗管排盐。浅密式暗管排盐的代表工程是连云区创智绿园（图A.2-1~图A.2-6）。该项目根据设计高程开挖槽基，铺设排盐管道，砌筑检查井后铺设15 cm厚净石屑淋水层；绿化区域回填厚度1 m以上的种植土，并掺拌有机肥、草炭土、粗砂等进行改良。经过几年常规养护管理，绿地土壤理化结构保持良好状态，植被生长旺盛。

图 A.2-1　创智绿园门区

图 A.2-2　创智绿园湖景

图 A.2-3　创智绿园亭廊

图 A.2-4　创智绿园小广场

（2）隔淋层排盐。邻近有排水条件的大水面时，该区域可利用天然的场地高差铺设有排水坡度的隔淋层，再回填种植土进行绿化。采用此方法的成功案例有赣榆区白鹭湿地公园、徐圩新区东香湖商业西街滨湖公园等。临水岸线的植被宜选择耐盐品种。

图 A.2-5　创智绿园夕阳景色　　　　　　　　图 A.2-6　创智绿园慢行绿道

　　赣榆区的白鹭湿地公园（图 A.2-7~图 A.2-9）周边道路最低高程为 4.0 m，设计水面高程为 3.0 m，设计考虑在常水位以上铺设竹笆、土工膜后填垫 0.5 m 厚隔淋层，再铺设一层土工布后回填种植土。

图 A.2-7　白鹭湿地公园（在建）

　　根据建设期工程现场的植株表现分析，水系周边土壤存在不同程度的盐渍化，长有盐生地被植物碱蓬；受海潮风影响，乔木下部枝叶表现出盐害落叶现象。

　　经过一年的雨水淋溶及养护管理，地势高处的乔、灌木长势良好；水岸附近呈现一定程度的盐渍化现象，从而影响到地被植物的郁闭度，宜加强水盐调控，及时补植地被植物。

图 A.2-8　白鹭湿地公园草坡（建成一年）

图 A.2-9　白鹭湿地公园水岸（建成一年）

徐圩新区东香湖商业西街临近东香湖，滨湖绿地利用商业街与湖面之间的高差形成排水坡度，依据排盐需求整理地形并铺设隔淋层后回填种植土进行绿化，现场植被长势良好（图 A.2-10、图 A.2-11）。

图 A.2-10 东香湖商业西街滨湖公园

图 A.2-11　东香湖商业西街滨湖公园植被效果

A.2.2　原土改良

原土改良通常包含隔盐、改土、洗盐、后期管理 4 个部分。

A.2.2.1　隔盐。隔盐常使用竹笆、土工膜、碎石、粗砂等材料，并敷设盲管。

A.2.2.2　改土。对现状重盐碱土晾干、旋耕破碎、掺稻糠和砂土等进行物理改良。

A.2.2.3　洗盐。使用再生水或添加改良剂进行洗盐。

A.2.2.4　后期管理。通过大水压盐合理控制土壤水肥条件，以满足耐盐植被正常生长发育的需求。

A.2.2.5　典型案例

A.2.2.5.1　徐圩新区湖心岛见图 A.2-12。湖心岛采用原土改良、砂孔洗盐等措施，现场保留的植物有暖季型草坪草、绿篱及低矮灌丛，场地高程高于湖水位，地下水位应已稳定于允许深度以下，现状植株生长势良好。

图 A.2-12　徐圩新区湖心岛

A.2.2.5.2　徐圩新区东香湖盐碱土原土绿化试验示范区见图 A.2-13~图 A.2-15。试验示范区位于徐圩新区 29 号路北侧（银川路—兰州路），工程面积约为 4 万 m²。试验方法为降低周边水位后，设置排水主盲沟与支盲沟后铺设竹笆、隔淋层及隔泥渗膜，在开槽挖出的原土中分期施入 5 种土壤调理剂进行水肥调控，选用耐盐植物品种，并对乔、灌木树穴增施有机肥、砂层进行局部改良。

图 A.2-13　徐圩新区东香湖盐碱土原土绿化试验示范区（建设期）

经过一年的养护管理，灌木长势表现良好，草坪有斑秃现象，乔木长势一般，有枯梢。应加强现场的水盐调控，及时补植草坪，降低次生盐渍化的危害。

图 A.2-14　东香湖盐碱土原土绿化试验示范区（1）（建成一年后）

A.2.2.5.3　徐圩新区微灌水盐调控盐碱地原土造林绿化技术试验示范区见图 A.2-16~图 A.2-18。

图 A.2-15　东香湖盐碱土原土绿化试验示范区（2）（建成一年后）

图 A.2-16　徐圩新区微灌水盐调控盐碱地原土造林绿化技术试验示范区（建成初期）

图 A.2-17　微灌水盐调控盐碱地原土造林绿化技术试验示范区乔木（建成一年后）

图 A.2-18　微灌水盐调控盐碱地原土造林绿化技术试验示范区迎水面（建成一年后）

　　该试验示范区位于纳潮河南侧，总面积约 2.33 万 m^2，利用"微灌水盐调控盐碱地原土造林绿化技术"。该技术以滴灌和微喷灌进行精准的水盐调控，确定关键参数及设计方案，其特点一是与原土改良同步进行树木栽植和水盐调控、快速脱盐；二是增加土壤的基质势，有效补偿因盐分降低的土壤渗透势；三是维持良好的土壤结构；四是精准控制水盐运动方向，防止次生盐渍化。该技术能降低部分初期建设成本，后期养护管理成本因灌溉水量的持续需求会有所增加。

勘察及局部取样检测结果显示，试验示范区存在一定程度的脱盐碱化现象，需针对现场土壤理化指标及时进行水肥调控；临水一侧未铺设滴灌管的区域有次生盐渍化现象，建议适当补植盐生地被稳定边坡。

附录B 盐碱地园林绿化流程图(规范性)

盐碱地园林绿化流程见图 B.0-1。

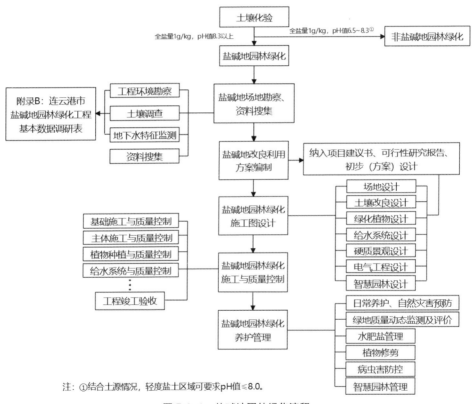

图 B.0-1 盐碱地园林绿化流程

附录 C　连云港市盐碱地园林绿化工程
基本数据调研表（规范性）

连云港市盐碱地园林绿化工程基本数据调研表见表 C.0-1。

表 C.0-1　连云港市盐碱地园林绿化工程基本数据调研表

时间：　　　　　　调查人员：　　　　　地点：　　　　　联系方式：

类别	项目	调研检测情况							备注
工程环境调研	区域概况 [1]								
	地形地貌 [2]								
	气候特征 [3]								
	水文状况 [4]								
	建 / 构筑物、障碍物								
	植被分布 [5]								
	场地及周边设施 [6]								
土壤理化性质	采集样品 / 检测内容	X_1	X_2	X_3	X_4	…	X_n	$\overline{X}$	
	全盐量 / (g/kg)								
	盐分类型								
	pH 值								
	有机质含量 / (g/kg)								
	土壤质地								
地下水特征	地下水位 /m								
	矿化度 / (g/L)								
	地下水临界深度 /m								
检测时间									
检测人员									
检测单位									

注：1. 区域概况包括但不限于区域位置、周边场地的用地性质、现状及规划高程等。

2. 地形地貌测绘成果采用绝对高程，测绘范围包括工程基址与周边场地的衔接范围。

3. 气候特征要关注区域小气候环境。

4. 水文状况应包含地下水埋深及水质，地表水的水源、流向、常水位、最低水位、最高水位及水质等。

5. 植被分布包括原生植被群落结构、种类及分布、覆盖度、冠幅、胸（基）径等。

6. 场地及周边设施包括但不限于交通、水源、电源、市政排水、地下管网和周边其他设施的分布情况等内容。

附录 D 土壤改良剂分类表（资料性）

土壤改良剂分类见表 D.0-1。

表 D.0-1 土壤改良剂分类

土壤改良剂	天然改良剂	无机物料	无机矿物	石灰石、膨润土、石膏、蛭石、珍珠岩等
			无机固体废弃物	粉煤灰等
		有机物料	有机固体废弃物	造纸污泥、城市污水污泥、城市生活垃圾、农作物秸秆、豆科绿肥、畜禽粪便等
			天然提取高分子化合物	多糖、纤维素、树脂胶、单宁酸、腐植酸、木质素等
			有机质物料	泥炭、炭等
	人工合成改良剂	聚丙烯酰胺、聚乙烯醇、聚乙二醇、脲醛树脂等		
	天然-合成共聚物改良剂	腐植酸-聚丙烯酸、纤维素-丙烯酰胺、淀粉-丙烯酰胺/丙烯腈、沸石/凹凸棒石-丙烯酰胺、磺化木质素-醋酸乙烯等		
	生物改良剂	生物控制剂、微生物接种菌、菌根、好氧堆置茶、蚯蚓等		

附录 E　连云港市盐碱地园林植物种类选择（资料性）

E.0.1　常绿大乔木植物

云杉、白皮松、五针松、雪松、黑松、火炬松、赤松、湿地松、水杉、柳杉、龙柏、侧柏、柏木、圆柏、蜀桧、铅笔柏、花柏、大叶女贞。

E.0.2　落叶大乔木植物

落羽杉、池杉、中山杉、毛白杨、杨树、垂柳、旱柳、竹柳、枫杨、美国山核桃、化香树、板栗、麻栎、榉树、榔榆、榆树、朴树、桑树、银杏、鹅掌楸、构树、玉兰属植物（玉兰、天目木兰、望春玉兰、二乔玉兰、广玉兰）、一球悬铃木、二球悬铃木、枫香树、杜仲、皂荚、合欢、香椿、臭椿、楝树、重阳木、乌桕、盐肤木、黄连木、白蜡、绒毛白蜡、黄栌、丝棉木、七叶树、黄山栾树、无患子、拐枣、青桐、刺槐、国槐、三角槭、元宝槭、柿、山柿。

E.0.3　常绿小乔木植物

枇杷、石楠、红叶石楠、椤木石楠、千头柏、桂花、棕榈。

E.0.4　落叶小乔木植物

腊梅、垂丝海棠、西府海棠、湖北海棠、东京樱花、日本晚樱、木瓜、梅花、山楂、紫叶李、杏、桃、宝华玉兰、紫玉兰、星花玉兰、棠梨、梨树、龙爪槐、金枝槐、红枫、鸡爪槭、枣树、紫薇、山茱萸、车梁木、四照花、流苏树、无花果、榆叶梅、金银木。

E.0.5　常绿地被灌木植物

铺地柏、阔叶十大功劳、含笑、海桐、红花檵木、龟甲冬青、枸骨、金边大叶黄杨、金心黄杨、大叶黄杨、油茶、八角金盘、丝兰、洒金桃叶珊瑚、杜鹃、火棘、菲白竹、毛杜鹃、金森女贞、黄馨*、蚊母、探春、夹竹桃、栀子花、法国冬青。

注：*为半落叶植物。

E.0.6　落叶地被灌木植物

彩叶杞柳、牡丹、柽柳、溲疏、八仙花、绣线菊属（粉花绣线菊、华北绣线菊、金山绣线菊、李叶绣线菊、金焰绣线菊）、棣棠花、重瓣棣棠花、郁李、月季、贴梗海棠、紫荆、锦鸡儿、多花胡枝子、山麻杆、火炬树、羽毛枫、木芙蓉、海滨木槿、木槿、金丝桃、结香、石榴、花石榴、红瑞木、金叶红瑞木、迎春花、连翘、金钟连翘、丁香、醉鱼草、枸杞、六月雪、金边六月雪、荚蒾属植物（皱叶荚蒾、地中海荚蒾、琼花、粉团、荚蒾、木绣球）、忍冬属植物（蓝叶忍冬、郁香忍冬）、锦带花、红王子锦带、金叶接骨木、金叶女贞、小叶女贞、紫叶小檗、胡颓子属植物*（胡颓子、金边胡颓子、金心胡颓子）、火焰南天竹*、南天竹*、银姬小蜡*、小蜡*。

E.0.7　藤本植物

木香、藤本月季、紫藤、南蛇藤、扶芳藤、五叶地锦、爬山虎、葡萄、常春藤、络石、斑叶络石、杠柳、茑萝、凌霄、忍冬属（金银花、红白忍冬、贯月忍冬）。

E.0.8　水生及湿生植物

三白草、睡莲、荷花、萍蓬草、千屈菜、粉绿狐尾藻、香菇草、莕菜、香蒲、花叶燕麦草、黄菖蒲、再力花、金线蒲、梭鱼草、灯芯草。

E.0.9　草本地被植物

红蓼、鸡冠花、紫茉莉、常夏石竹、须苞石竹、虞美人、芍药、花菱草、半枝莲、景天、二月兰、羽衣甘蓝、矾根、虎耳草、多叶羽扇豆、白三叶、蜀葵、红花酢浆草、紫叶酢浆草、顶花板凳果、美丽月见草、山桃草、紫叶山桃草、金叶过路黄、蔓长春花、花叶蔓长春花、长春花、马蹄金、丛生福禄考、美女樱、柳叶马鞭草、一串红、鼠尾草属植物（蓝花鼠尾草、天蓝鼠尾草、深蓝鼠尾草、墨西哥鼠尾草）、薄荷、花叶薄荷、活血丹、矮牵牛、毛地黄、钓钟柳、 大花金鸡菊、二色金鸡菊、波斯菊、硫华菊、金光菊、黑心菊、松果菊、金球菊、宿根天人菊、大滨菊、桂圆菊、黄帝菊、勋章菊、荷兰菊、大吴风草、大丽花、金盏菊、菊花、野菊、百日菊、万寿菊、观赏向日葵、银叶菊、阔叶山麦冬、金边麦冬、麦冬、萱草属植物（金娃娃萱草、大花萱草、紫蝶萱草）、玉簪、紫萼、火炬花、大花葱、吉祥草、百合、石蒜属（长筒石蒜、中国石蒜、香石蒜、乳白石蒜）、葱兰、蝴蝶花、鸢尾、德国鸢尾、玉蝉花、马蔺、射干、美人蕉、金脉美人蕉、紫露草、竹类（毛竹、慈孝竹、凤尾竹、金镶玉竹）、观赏草类（狼尾草、紫梦狼尾草、小兔子狼尾草、紫御谷、玉带草、小盼草、细叶芒、斑叶芒、花叶芒、细茎针茅、蒲苇、矮蒲苇、花叶蒲苇、花叶芦竹、芦苇）、千屈菜。

E.0.10　草坪类

暖季型草坪（马尼拉、结缕草、百慕大）、冷季型草坪（早熟禾、高羊茅、黑麦草）。

附录 F 连云港市盐碱地园林绿化植物耐盐性分级（资料性）

F.0.1 园林植物耐盐能力可划分为 5 个等级。耐盐能力等级 1、2、3、4、5 的土壤含盐量分别对应 0.1%~0.2%、0.2%~0.4%、0.4%~0.6%、0.6%~1.0%、1.0% 以上。

F.0.2 盐碱地绿化植物选择应考虑施工区域、地理位置、小气候环境及植物耐盐能力，应选择耐盐碱能力强的适生植物。

F.0.3 连云港市盐碱地园林绿化植物的耐盐性分级见表 F.0-1。

表 F.0-1 连云港市盐碱地园林绿化植物耐盐性分级

中文名	拉丁名	耐盐能力	植物类型	科属	生态学习性
柽柳	*Tamarix chinensis*	5 级	乔 / 灌木	柽柳科柽柳属	耐严寒、喜光、抗性强、抗盐碱
碱蓬	*Suaeda glauca*	5 级	草本	藜科碱蓬属	喜高温湿热、耐盐碱、耐贫瘠
盐地碱蓬	*Suaeda salsa*	4 级	草本	藜科碱蓬属	耐盐碱、耐贫瘠
沙枣	*Elaeagnus angustifolia*	4 级	乔木	胡颓子科胡颓子属	抗旱、抗风沙、耐盐碱、耐贫瘠
枸杞	*Lyciumchinense*	4 级	灌木	茄科枸杞属	耐寒、抗旱
紫穗槐	*Amorpha fruticosa*	4 级	灌木	豆科紫穗槐属	耐寒、耐旱、耐湿、耐盐碱、抗风沙、抗逆性极强
四翅滨藜	*Atriplex canescens*	4 级	灌木	藜科滨藜属	旱生植物，喜光、不耐湿，可在荒漠、高原、盐碱荒滩上生长
沙棘	*Hippophae rhamnoides*	4 级	灌木	胡颓子科沙棘属	喜光、耐寒、耐风沙、耐旱，对土壤适应性强
盐蒿	*Artemisia halodendron*	4 级	草本	菊科蒿属	喜高湿、耐盐碱、耐贫瘠

续表

中文名	拉丁名	耐盐能力	植物类型	科属	生态学习性
矮蒲苇	*Cortaderia selloana Pumila*	4级	草本	禾本科蒲苇属	性强健，耐寒，喜温暖、阳光充足及湿润气候
白蜡树	*Fraxinus chinensis*	3级	乔木	木犀科梣属	喜光、喜水湿、耐干旱瘠薄、耐轻度盐碱
绒毛白蜡	*Fraxinus velutina*	3级	乔木	木犀科梣属	喜光、喜水湿、耐干旱瘠薄、耐轻度盐碱
洋白蜡	*Fraxinus pennsylvanica*	3级	乔木	木犀科梣属	喜光、耐寒、耐水湿、耐干旱，适应性强
国槐	*Sophora japonica*	3级	乔木	豆科槐属	喜光、较耐阴、抗风、耐干旱、耐瘠薄、较抗污染
刺槐	*Robinia pseudoacacia*	3级	乔木	豆科刺槐属	适应性强，喜光、不耐涝
香花槐	*Robinia pseudoacacia cv. idaho*	3级	乔木	豆科刺槐属	喜光、耐寒、耐干旱瘠薄、耐盐碱
合欢	*Albizia julibrissin*	3级	乔木	豆科合欢属	喜光、喜温、耐寒、耐旱、耐瘠薄、耐盐碱、抗有害气体
旱柳	*Salix matsudana*	3级	乔木	杨柳科柳属	喜光、耐寒、抗风
白榆	*Celtis punila*	3级	乔木	榆科榆属	喜光、耐寒、耐旱、耐盐碱、抗污染
榔榆	*Ulmus parvifolia*	3级	乔木	榆科榆属	喜光、耐旱，对有毒气体烟尘抗性较强
枣树	*Ziziphus jujuba*	3级	乔木	鼠李科枣属	喜光、耐旱、耐瘠薄、耐低湿，适应性强
蜀葵	*Alcea rosea*	3级	草本	锦葵科蜀葵属	喜光、耐半阴、耐盐碱、耐寒
丝兰	*Yucca filamentosa*	3级	灌木	百合科丝兰属	对土壤适应性很强，极耐寒、抗性强
凤尾兰	*Yucca gloriosa*	3级	灌木	百合科丝兰属	喜光、耐瘠薄、耐寒、耐阴、耐旱、耐湿
白刺	*Nitraria tangutorum*	3级	灌木	蒺藜科白刺属	适应性极强，耐旱、喜盐碱、抗寒、抗风、耐高温、耐瘠薄

续表

中文名	拉丁名	耐盐能力	植物类型	科属	生态学习性
海滨木槿	*Hibiscus hamabo*	3级	灌木	锦葵科木槿属	喜光、抗风、耐水涝、较耐干旱
补血草	*Limonium sinense*	3级	草本	白花丹科补血草属	适应性强，生在沿海潮湿盐土或砂土上
狗牙根	*Cynodon dactylon*	3级	草本	禾本科狗牙根属	喜光、耐半阴、耐践踏，对土壤适应性强
结缕草	*Zoysia japonica*	3级	草本	禾木科结缕草属	喜光、抗旱、抗盐碱、抗病虫害、耐瘠薄、耐践踏、耐水湿
侧柏	*Platycladus orientalis*	2级	乔木	柏科侧柏属	喜光、耐干旱瘠薄、耐盐碱
白皮松	*Pinus bungeana*	2级	乔木	松科松属	喜光、耐旱、耐干燥瘠薄、抗寒
龙柏	*Sabina chinensis 'Kaizuca'*	2级	乔木	柏科圆柏属	喜光、耐干旱瘠薄、耐盐碱
蜀桧	*Sabina chinensis 'Pyramidalins'*	2级	乔木	柏科圆柏属	喜光、耐阴、耐寒、耐热
石榴	*Punica granatum*	2级	乔木	石榴科石榴属	喜光、喜温暖气候、较耐寒
皂角	*Gleditsia sinensis*	2级	乔木	豆科皂荚属	喜光、耐寒、耐旱、耐轻度盐碱
杜梨	*Pyrus betulifolia*	2级	乔木	蔷薇科梨属	喜光、耐寒、耐旱、耐涝、耐瘠薄、耐盐碱
桑树	*Morus alba*	2级	乔木	桑科桑属	喜光、耐寒、耐旱、不耐水湿、耐轻度盐碱
臭椿	*Ailanthus altissima*	2级	乔木	苦木科臭椿属	喜光、耐寒、耐旱、不耐水湿
苦楝	*Melia azedarach*	2级	乔木	楝科楝属	喜温、喜光、较耐寒、耐旱、耐瘠薄、抗污染
柿树	*Diospyros kaki*	2级	乔木	柿科柿属	耐寒、耐旱、忌积水、耐瘠薄、抗污染
君迁子	*Diospyros lotus*	2级	乔木	柿科柿属	喜光、适应性强、较耐寒
栾树	*Koelreuteria paniculate*	2级	乔木	无患子科栾树属	喜光、耐寒、不耐水淹、耐旱、耐瘠薄、耐盐渍

续表

中文名	拉丁名	耐盐能力	植物类型	科属	生态学习性
黄山栾	*Koelreuteria bipinnata 'Integrifoliola'*	2级	乔木	无患子科栾树属	喜光、耐盐渍性土、耐寒、耐旱、耐瘠薄、耐短期水涝
复叶槭	*Acer negundo*	2级	乔木	槭树科槭属	喜光、耐寒、耐旱、耐干冷、耐轻度盐碱、耐烟尘
丝棉木	*Euonymus maackii*	2级	乔木	卫矛科卫矛属	喜光、耐寒、耐旱
文冠果	*Xanthoceras sorbifolium*	2级	乔木	无患子科文冠果属	喜光、耐寒、抗旱
毛白杨	*Populus tomentosa*	2级	乔木	杨柳科杨属	耐旱、抗污染
丁香	*Syringa oblata*	2级	灌木	木犀科丁香属	喜光、适应性较强、耐寒、耐旱、耐瘠薄、忌酸性土
海棠	*Malus spectabilis*	2级	灌木	蔷薇科苹果属	喜湿润、半阴、不耐高温
西府海棠	*Malus micromalus*	2级	灌木	蔷薇科苹果属	耐寒、抗盐碱
榆叶梅	*Amygdalus triloba*	2级	灌木	蔷薇科桃属	喜光、耐寒、耐旱
珍珠梅	*Sorbaria sorbifolia*	2级	灌木	蔷薇科珍珠梅属	耐寒、耐半阴、耐修剪
杏树	*Armeniaca vulgaris*	2级	灌木	蔷薇科杏属	喜光、阳性、耐旱、抗寒、抗风、适应性强
紫叶李	*Prunus cerasifera 'Atropurpurea'*	2级	灌木	蔷薇科李属	喜光、较抗旱、较耐水湿、耐碱
锦带花	*Weigela florida*	2级	灌木	忍冬科锦带花属	喜光、耐阴、耐寒、耐瘠薄、不耐水涝
花石榴	*Punica granatum*	2级	灌木	石榴科石榴属	喜温暖、耐旱、较耐寒、不耐水涝、不耐阴
紫薇	*Lagerstroemia indica*	2级	灌木	千屈菜科紫薇属	喜光、较耐阴、喜肥、耐旱、忌涝、抗寒、抗污染
美人梅	*Prunus × bliream 'Meiren'*	2级	灌木	蔷薇科李属	抗寒性强、抗旱
紫叶矮樱	*Prunus × cistena*	2级	灌木	蔷薇科李属	喜光、耐寒、忌涝
木槿	*Hibiscus syriacus*	2级	灌木	锦葵科木槿属	喜光、适应性很强、较耐贫瘠、稍耐阴、耐修剪、耐热、耐寒

中文名	拉丁名	耐盐能力	植物类型	科属	生态学习性
金叶莸	*Caryopteris clandonensis* '*Worcester Gold*'	2级	灌木	马鞭草科莸属	喜光、耐半阴、耐旱、耐热、耐寒、较耐瘠薄
金银木	*Lonicera maackii*	2级	灌木	忍冬科忍冬属	喜光、耐半阴、耐旱、耐寒
盐肤木	*Rhus chinensis*	2级	乔木	漆树科盐肤木属	喜光、适应性强
水蜡	*Ligustrum obtusifolium*	2级	灌木	木犀科女贞属	喜光、较耐阴、对土壤要求不严、耐修剪、抗污染
醉鱼草	*Buddleja lindleyana*	2级	灌木	马钱科醉鱼草属	适应性强、不耐水湿
大叶醉鱼草	*Buddleja davidii*	2级	灌木	马钱科醉鱼草属	喜阳、喜温暖气候、耐寒、耐旱、耐贫瘠
黄刺玫	*Rosa xanthina*	2级	灌木	蔷薇科蔷薇属	喜光、耐寒、耐旱、耐瘠薄、不耐水涝
野蔷薇	*Rosa multiflora*	2级	灌木	蔷薇科蔷薇属	喜光、少病虫害
淡竹	*Phyllostachys glauca*	2级	竹类	禾本科刚竹属	耐寒、耐旱
五叶地锦	*Parthenocissus quinquefolia*	2级	藤本	葡萄科爬山虎属	喜光、较耐阴、耐寒、适应性强
凌霄	*Campsis grandiflora*	2级	藤本	紫葳科凌霄属	喜阳、不耐寒、较耐水湿、耐干旱、较耐盐碱
高羊茅	*Festuca arundinace*	2级	草本	禾本科羊茅属	喜寒、喜湿、耐盐碱

附录 G　国内不同改良方案的盐碱地园林绿化案例（资料性）

G.1　滨海浅潜水地区暗管排盐、规模化绿化技术案例

G.1.1　国家海洋博物馆南湾公园

南湾公园位于中新天津生态城国家海洋博物馆周边，水域面积达 281 万 m^2，绿化面积为 32 万 m^2，是天津滨海新区最大的海景公园。南湾公园基址为围填海造陆区域，原土条件不能直接用于绿化，水域与渤海湾连通，风大浪高时，海水直接侵害靠近驳岸处的绿地（图 G.1-1）。

图 G.1-1　南湾公园项目建设初期（局部图）

为了达到理想的绿化景观效果，项目采用了天津泰达绿化科技集团多项盐碱地绿化改良技术与专利，并结合海水潮位及场地高程合理确定防潮高度与设计排水高程。南湾公园见图 G.1-2 和图 G.1-3。

图 G.1-2　南湾公园项目建成后（组图）

图 G.1-3　南湾公园局部鸟瞰

G.1.2　紫云公园（工业废弃地公园化改造）

紫云公园坐落于天津市滨海新区塘沽街，2002 年建成并免费向市民开放，公园占地面积 33 万 m^2，建有 7 个山峰，主峰高 31.9 m，栽种各种树木和其他植物 100 余种、40 万株。公园融湖泊、山林于一体，颇为壮观。

公园利用原来裸露地面的碱渣制成工程土填垫废弃盐池、堆建山体公园，并采用一系列工程措施将原碱渣山区域进行硬化，并覆盖隔淋层与种植土层，使地表水径流不再与碱渣直接接触，从而消除了碱渣淋沥废水对地表水的污染。紫云公园见图 G.1-4~ 图 G.1-6。

图 G.1-4　碱渣山遗址

图 G.1-5　碱渣山层积断面

图 G.1-6　碱渣山改造后的紫云公园

G.1.3　青岛胶州湾如意湖北区公共绿地

青岛胶州湾如意湖北区公共绿地占地面积约 74.3 hm²。项目考虑因地制宜的地形设计，丰富的地形变化有助于排盐碱；同时采用客土回填进行种植，种植土回填厚度为 1.5 m，土壤理化结构较理想，提高了植物品种的选择范围，更大大提高了植物的适生性；在植物选择上，以乡土品种的乔、灌木为骨架，选用低频率修剪的地被植物，耐干旱、耐贫瘠的植物有利于节省后期养护管理成本。青岛胶州湾如意湖北区公共绿地见图 G.1-7~ 图 G.1-9。

图 G.1-7　如意湖坡地

图 G.1-8　如意湖水岸

图 G.1-9　如意湖山地小径

G.1.4　曹妃甸森林公园

曹妃甸森林公园位于河北省唐山市曹妃甸新区唐海县北部，属滨海盐碱地区，总工程面积约为 133 万 m^2。项目所在地的土壤属于滨海盐渍土，从形成过程上看，其是海相沉积物上覆盖河流沉积物形成的，绝大多数为碱性滨海氯化物盐土，具有土层深厚、质地黏重、pH 值高、全盐量高等特点，同时区域内地下水位高、矿化度大、风速大、蒸发量大。

根据前期土壤和地下水的化验结果和现场具体情况，设计团队创造性地将部分地下淋水层由碎石改为含沙量较高的沙壤土和海砂（铺设前用淡水冲淋），并因地制宜地塑造地形，在地势高的区域取消了排盐盲管的铺设，降低了工程成本，扩大了植物根系的生长空间；并通过对种植土抽样化验，把握土壤的通透性、全盐量、pH 值、总养分、有机质、腐植酸等方面的情况。视具体情况，在该区域掺拌骨料提高土壤渗透性，施用滨海盐碱地专用土壤改良肥及其他特殊配方的有机肥，对种植土的物理结构和化学成分进行工程技术处理，提高土壤有机质含量，减少地表蒸发，抑制盐分上行表聚；增加土壤有机胶体、腐殖质数量，增强土壤对盐分离子的吸附能力，降低盐渍土中土壤盐分的活性；此外，有机质分解产生有机酸，能中和土壤碱度，防止土壤碱化或改良碱化土壤，以使种植土满足植物生长发育的需求。曹妃甸森林公园见图 G.1-10 和图 G.1-11。

图 G.1-10 曹妃甸森林公园建成效果（1）

图 G.1-11　曹妃甸森林公园建成效果（2）

G.2　原盐土、吹填海泥快速改良为种植土的技术案例

　　滨海浅潜水地区优良绿化种植土资源稀少，原盐土、吹填土等各种滨海盐土资源相对丰富。将滨海盐土改良成适宜绿化植物生长的种植土，在节约资源、保护环境、改善生态等方面都具有重要意义。

　　改善土壤结构、增大孔隙占比是提高滨海盐土脱盐效率的主要途径之一。在广泛调研的基础上，针对滨海新区工矿企业排放的大量的工业固体废弃物资源，研究人员提出利用固体废弃物资源改良滨海盐土土壤结构，提高土壤淋洗脱盐效率和效果。按配比施用工业固体废弃物可使土壤孔隙度提高 30% 以上，缩短淋洗脱盐时间 50% 以上，节约淡水资源 20% 以上，节省改良成本 20% 以上。

这项技术在滨海新区不同区域和不同绿化模式下都有示范，近 20 年的绿化结果显示植物长势良好，与邻近地段的客土绿化方式种植的植物表象无差异。这为利用原土进行绿化提供了重要的技术支撑。

G.2.1 南港工业区原土绿化试验基地

南港工业区试验基地占地面积 5 000 m²，基址原土为吹填海底泥，土壤全盐量在 28~32 g/kg 范围内，pH 值为 8.0~8.5，小于 0.075 mm 的颗粒占土壤总量的 94.2%。土壤质地黏重，结构性差，有效孔隙度和渗透系数极小，自然脱盐率极差，脱盐周期极其漫长。

着眼于滨海新区生态绿化发展的需要，针对南港工业区原土(吹填土)现状，天津泰达盐碱地绿化研究中心进行"盐土与吹填土绿化关键技术研究"，从改良和改善吹填土土壤结构出发，充分利用现有盐土、吹填土和工业废弃物，促进废弃物的资源化、产业化，加快盐土与吹填土原位改良的进程，见图 G.2-1~图 G.2-6。

图 G.2-1 南港工业区原土绿化试验

图 G.2-2 改良前的盐滩

图 G.2-3 改良前的吹填土

图 G.2-4 原土改良后的绿地景观（1）

图 G.2-5 原土改良后的绿地景观（2）

图 G.2-6 原土改良后多年的绿地景观

　　该技术可应用于国内外围海吹填新陆地和新围涂地的土壤改良与绿化，在我国辽河湾、渤海湾、莱州湾的围海造陆吹填土以及江苏、上海、浙江等地新围涂地的园林绿化与沿海防护林体系建设中均可应用。本技术已在天津南港工业区和河北曹妃甸工业区进行示范推广应用，植物全部成活，长势持续良好，效果显著。

G.2.2　东海路防护林吹填海底淤泥绿化技术示范带

　　1997 年 11 月，天津经济技术开发区利用吹填土绿化技术，将海湾泥、粉煤灰和碱渣土掺拌改良为种植基质，铺设排盐系统后进行填垫，大水洗盐后种植耐盐草本植物改善种植基质理化结构，营造了 20 000 m² 的东海路防护林示范带，1998 年直接栽植的毛白杨、辽宁杨、白蜡、刺槐、国槐、金银木、木槿、苜蓿等园林植物生长正常。1999 年东海路续建了 10 万 m² 示范带，经过 20 余年的跟踪观测，植物长势持续保持良好状态，愈发茂盛，与农田土栽植的植物基本无差异。本项技术获天津市科学技术进步一等奖、国家科学技术进步二等奖，并取得国家技术发明专利。东海路防护林示范带见图 G.2-7。

图 G.2-7　建成 20 年后的东海路防护林示范带（组图）